COURS

ÉLECTRICITÉ

TÉLÉGRAPHIE ÉLECTRIQUE
TÉLÉGRAPHIE OPTIQUE, TÉLÉPHONIE, ÉCLAIRAGE ÉLECTRIQUE
MISES DE FEU ÉLECTRIQUES, PARATONNERRES

A L'USAGE DES

Officiers d'administration d'artillerie et Gardiens de batterie
et des Candidats à ces Grades

AVEC 128 FIGURES DANS LE TEXTE

PARIS
Henri CHARLES-LAVAUZELLE
Éditeur militaire
10, Rue Danton, Boulevard Saint-Germain, 118

(Même Maison à Limoges)

COURS

D'ÉLECTRICITÉ

COURS
D'ÉLECTRICITÉ

TÉLÉGRAPHIE ÉLECTRIQUE
TÉLÉGRAPHIE OPTIQUE, TÉLÉPHONIE, ÉCLAIRAGE ÉLECTRIQUE
MISES DE FEU ÉLECTRIQUES, PARATONNERRES

A L'USAGE DES

Officiers d'administration d'artillerie et Gardiens de batterie et des Candidats à ces Grades

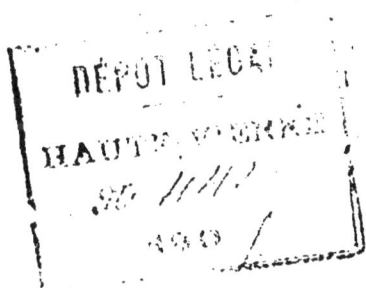

PARIS
Henri CHARLES-LAVAUZELLE
Éditeur militaire
10, Rue Danton, Boulevard Saint-Germain, 118

(Même Maison à Limoges)

COURS
D'ÉLECTRICITÉ

NOTIONS PRÉLIMINAIRES

L'*électricité*, comme la chaleur, est une force physique dont l'action modifie l'état des corps qui y sont soumis sans changer leur nature.

Considérons une *source* d'électricité S et attachons aux deux parties P, P' appelées *bornes* ou *pôles*, où cette électricité peut être recueillie, les extrémités d'un fil métallique C; il se manifeste alors dans ce fil des effets électriques semblables à ceux qui se manifesteraient si le fil était parcouru par un courant dirigé d'un pôle à l'autre de la source dans un sens déterminé. On peut le prouver de la façon suivante : On relie deux lames de cuivre aux deux bornes P P' au moyen de fils métalliques; on plonge ces lames dans une dissolution de sulfate de cuivre : on constate alors que le cuivre est transporté d'une des lames sur l'autre comme s'il y avait un courant.

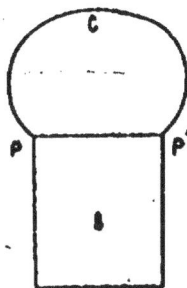

L'ensemble de la source et du fil où s'opère cette circulation constitue un *circuit électrique;* le fil est dit *conducteur* du courant; le pôle d'où semble partir le courant est dit *pôle positif* (il est représenté par le signe —+—); le pôle où semble arriver le courant est dit *pôle négatif* (il est représenté par le signe —).

REMARQUE. — On peut donc dire que tout se passe comme s'il existait un courant d'un fluide *non pesant* et s'écoulant d'un pôle à l'autre de la source dans un sens déterminé.

Comparaison du courant électrique à la circulation d'un fluide non pesant dans un tuyau.

Prenons un corps de pompe C dont les deux extrémités O et O' sont reliées par un tuyau T, et supposons ce corps de pompe et ce tuyau remplis d'un fluide *non pesant;*

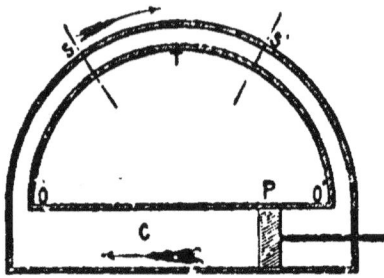

faisons marcher à l'intérieur de C et dans le sens de la flèche un piston P : l'air va circuler dans le tuyau T en vertu de la *pression* du piston, qui n'a qu'à vaincre la *résistance* opposée par le frottement des molécules entre elles et contre les parois.

La quantité de fluide qui passe pendant une seconde à travers une section quelconque S du tuyau s'appelle le *débit*. On voit, sans peine, que ce débit est d'autant plus grand que la pression dans la section est plus forte.

Remarquons que la pression est maximum dans les couches situées à gauche du piston et en contact avec la face de ce piston. Elle va en diminuant au fur et à mesure que l'on considère les sections du corps de pompe et du tuyau de plus en plus éloignées de cette face, à cause des pertes dues au frottement : de sorte que la *pression est maximum* sur la face gauche du piston et *minimum* sur la face droite; autrement dit, la différence de pression entre deux sections est maximum entre les deux faces du piston. Il faut bien remarquer que le mouvement du fluide entre deux sections SS' est dû à la différence des pressions du fluide entre ces deux points.

Tout ce que nous venons de dire de la circulation d'un fluide non pesant dans un tuyau peut être rigoureusement répété pour la *circulation d'un courant électrique dans un conducteur*. Au lieu de dire *fluide*, on dira *électricité;* au lieu de dire *pression*, on dira *force électromotrice,* c'est-à-dire force produisant le mouvement électrique; au lieu de dire *débit*, on dira *intensité*.

Cette analogie permet de se faire une notion exacte des mots *électricité*, *force électromotrice*, *intensité*, et l'on peut résumer alors ainsi les quelques connaissances que nous venons d'acquérir :

1° Le courant électrique est produit par une force électomotrice qui a à surmonter les résistances opposées au passage du courant par la source (résistance intérieure) et par le conducteur (résistance extérieure);

2° La quantité d'électricité qui passe à travers une section du conducteur pendant l'unité de temps est l'*intensité du courant;*

3° La force électromotrice part d'un maximum qui a lieu dans la région où se développe l'électricité à l'intérieur de la source et va en diminuant au fur et à mesure que la section s'éloigne de cette région. La différence des forces électromotrices de deux sections d'un circuit est maximum entre les deux côtés de la région où se développe l'électricité à l'intérieur de la source.

Loi de Ohm. — Il est évident que la quantité d'électricité qui s'écoule entre deux sections d'un conducteur pendant l'unité de temps, c'est-à-dire l'intensité du courant, est d'autant plus grande que la force électromotrice qui produit le mouvement est elle-même plus grande et que la *résistance* de la partie du conducteur comprise entre les deux sections est plus petite. Plus simplement, l'intensité entre deux sections S et S' est proportionnelle à la force électromotrice entre ces sections et inversement proportionnelle à la résistance entre ces sections.

Alors, on a

$$i = \frac{e}{r},$$

i intensité, e force électromotrice, r résistance entre les deux sections.

En particulier, si l'on considère le circuit total formé par la source et le conducteur, si E est la force électromotrice totale, R la résistance intérieure de la source, R' la résistance extérieure, on a, pour l'intensité I,

$$I = \frac{E}{R+R'},$$

puisque $R+R'$ représente la résistance totale.

Sources d'électricité.

Parmi les sources d'électricité, nous n'étudierons, dans le cadre réduit de ce cours, que les *piles électriques*.

Auparavant, nous dirons que les corps peuvent se diviser d'une façon générale, au point de vue de l'électricité, en deux classes :

1° Les corps *bons conducteurs*, — ce sont ceux qui jouissent de la propriété de laisser passer à travers eux-mêmes le courant électrique ;

2° Les corps *mauvais conducteurs*, — ceux qui ne jouissent pas de cette propriété.

Il faut remarquer que ces définitions ne présentent rien d'absolu, car tous les corps peuvent se ranger par ordre de résistance *croissante* ou de conductibilité *décroissante*.

CORPS CONDUCTEURS	CORPS médiocrement conducteurs.	ISOLANTS
Argent.	Charbon de bois.	Laine.
Cuivre.	Coke.	Soie.
Or.	Eau de mer.	Verre.
Zinc.	Air raréfié (suivant	Cire à cacheter.
Platine.	le degré).	Soufre.
Fer.	Glace fondante.	Résine.
Etain.	Eau pure.	Gutta-percha.
Plomb.	Pierre.	Caoutchouc.
Mercure.	Glace non fondante.	Paraffine.
	Bois sec.	Ebonite.
	Porcelaine.	Air sec.
	Papier sec.	

On peut dire qu'il n'existe pas de substance parfaitement isolante; de plus, le degré de conductibilité de celles qui sont le plus isolantes augmente lorsqu'elles sont humides.

Etude des piles.

Prenons deux corps bons conducteurs de l'électricité. deux métaux, et plongeons-les dans un liquide qui les attaque inégalement : nous constituons alors ce qu'on appelle une *pile* ou *élément* dont ces deux métaux sont les deux *électrodes*. En les reliant par un fil bon conducteur, on obtient un courant électrique dont l'intensité dépend : 1° de la force électromotrice intérieure due aux réactions chimiques en jeu ; 2° de la résistance intérieure de la pile et de la résistance extérieure du circuit.

Nous rappelons que nous avons défini plus haut les expressions *électromotrice, intensité, résistance.*

Nous avons déjà dit également que le courant électrique parcourant le fil produisait les mêmes effets que si le fil était parcouru par un courant dirigé d'une électrode à à l'autre. L'électrode d'où il semble partir s'appelle le *pôle positif* de la pile ; l'électrode où il semble arriver s'appelle le *pôle négatif.*

Définitions. — On dit que le *circuit est fermé* quand les deux pôles de la pile sont réunis par un fil conducteur sans solution de continuité ; alors le courant passe à travers ce fil. S'il y a une solution de continuité, le *circuit est ouvert ;* alors évidemment le courant ne peut passer.

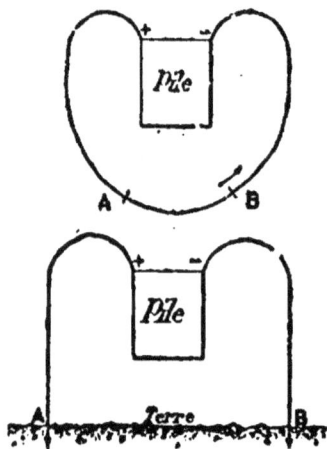

REMARQUE. — Supposons que nous coupions le circuit aux deux points A et B. Si nous remplaçons la portion AB par un autre corps *conducteur,* le courant passera également. En particulier, nous pouvons remplacer la portion AB *par la terre,* qui est un corps bon conducteur. Nous verrons cette propriété utilisée en télégraphie. Le fil du pôle positif est relié à la terre, ainsi que celui du pôle négatif ; le circuit est donc fermé et le courant électrique peut passer.

Polarisation des piles. — Mais, par suite des réactions chimiques, il se produit inévitablement dans toute pile des produits secondaires qui peuvent être liquides ou gazeux. Ces produits altèrent l'action de la pile au bout d'un temps plus ou moins long et influent soit sur la force électromotrice, soit sur la résistance intérieure, soit sur les deux en même temps.

Ce phénomène s'appelle *polarisation des électrodes.*

Pour retarder la polarisation, on a songé à ajouter aux substances en présence un autre corps liquide ou solide capable de former avec les produits secondaires qui causent la polarisation d'autres combinaisons moins nuisibles.

De là deux divisions des piles :

1° Les piles à un liquide avec ou sans dépolarisant solide ou liquide;

2° Les piles à deux liquides dont l'un joue le rôle de dépolarisant.

Exemples de piles.

Pile à un liquide sans dépolarisant. — La *pile de Volta,* qui est la plus simple et la plus ancienne, en est un exemple.

Deux électrodes, une en cuivre, l'autre en zinc, plongent dans de l'eau acidulée avec de l'acide sulfurique.

La polarisation y est très rapide, car il y a dégagement d'hydrogène (1); de plus, le zinc ordinaire plongé dans l'eau acidulée se dissout même quand le courant est ouvert. On y obvie un peu en alliant la lame de zinc à du mercure, ce qui s'appelle amalgamer la lame de zinc;

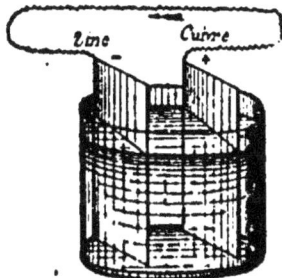

_____

(1) Toutes les fois qu'on plonge une lame de zinc dans de l'acide

quand le zinc est amalgamé, l'attaque du zinc par l'acide ne se fait que lorsque le circuit est fermé.

Pile à un liquide avec dépolarisant solide. — La *pile Leclanché*, employée dans les applications militaires de l'électricité, en fournit un exemple.

Dans une dissolution de chlorydrate d'ammoniaque, plongent une lame de zinc formant électrode négative et un vase poreux qui contient une lame de charbon formant électrode positive et un mélange de charbon et de bioxyde de manganèse formant dépolarisant.

L'hydrogène dégagé sur le bioxyde de manganèse s'unit à l'oxygène que renferme cette substance ; il se produit ainsi de l'eau, et la polarisation est ralentie.

Piles à deux liquides. — Ces piles sont formées de deux récipients : l'un, extérieur et étanche, contient un des liquides et une électrode ; l'autre, intérieur et poreux, renferme l'autre liquide et l'autre électrode.

L'électrode négative, qui est encore le zinc, est placée dans une dissolution acide et l'électrode positive est plongée dans le liquide dépolarisant.

Pile Daniell. — Le vase extérieur contient de l'eau acidulée dans laquelle plonge l'électrode négative formée par une lame de zinc ; le vase poreux intérieur contient une solution de sulfate de cuivre dans laquelle plonge l'électrode positive formée par une lame de cuivre.

Le sulfate de cuivre forme dépolarisant ; il est décomposé par l'hydrogène qui se dégage sur l'électrode positive

---

sulfurique, il y a dégagement d'hydrogène. Or, dans les piles, l'électrode négative est toujours formée par une lame de zinc plongeant dans de l'acide ; il y a donc un dégagement d'hydrogène qui polarise la pile ; pour éviter l'effet nuisible de cet hydrogène, on le fait se dégager en présence de corps qui peuvent lui donner de l'oxygène, car on sait que la combinaison d'hydrogène et d'oxygène fournit l'eau

en cuivre, qui se dépose sur le cuivre, et en acide sulfurique qui est rendu libre. Celui-ci passe au travers du vase
poreux et maintient l'acidité du liquide qui entoure le zinc.

Pile Grove. — Le zinc plonge dans de l'eau acidulée;
l'électrode positive est une lame de platine plongeant
dans l'acide azotique pur qui joue le rôle de dépolarisant,
car cet acide fournit de l'oxygène à l'hydrogène qui
se dégage sur l'électrode positive pour former de l'eau.

Pile Bunsen. — La lame de platine de la pile Grove
est simplement remplacée par une lame de charbon de
cornue.

Groupement des piles.

On peut associer entre elles des piles identiques, c'est-
à-dire possédant la même force électromotrice et la même résistance intérieure pour obtenir un courant possédant une plus grande force électromotrice ou une plus
grande intensité.

1° Quand on veut augmen-
ter la force électromotrice,
c'est-à-dire la pression avec
laquelle circule le courant, on
emploie *l'association en série*,
appelée aussi *en tension*. Cette
association consiste à relier
le pôle positif de chaque pile
au pôle négatif de la suivante. Si nous reprenons la com-
paraison que nous avons faite
au commencement du cours,
c'est comme si nous prenions
des corps de pompe de même
diamètre et communiquant
entre eux de la façon indiquée

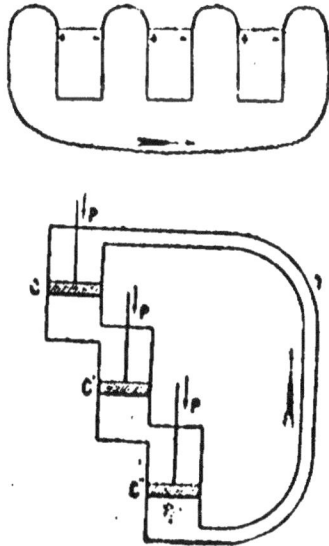

par la figure. Les deux ouvertures extrêmes sont reliées
par un tuyau. Dans le corps de pompe C, le fluide circule
avec la pression P; dans le corps C', avec 2 P; dans C''
et par suite dans le tuyau, avec 3 P.

Alors nous voyons que, dans le conducteur de la série
des quatre éléments de la figure 1, la force électromotrice est 4 E, si E est la force d'un élément.

Remarque. — L'association en série est employée quand
le circuit extérieur présente une grande résistance; cela
se conçoit d'après ce qui précède, puisque le courant,
circulant avec une plus grande pression, peut vaincre
une plus grande résistance.

2° Quand on peut augmenter l'intensité, c'est-à-dire
le débit d'électricité, on emploie *l'association en dérivation*,
appelée aussi en *quanti-
té*. Tous les pôles positifs
communiquent entre eux
d'une part, tous les pôles
négatifs entre eux d'au-
tre part. C'est comme
si nous accolons trois
corps de pompe identi-
ques. Dans chaque corps
de pompe et dans chaque
tuyau, le fluide circule
avec la même pression.
Finalement, dans le
tuyau total, on a un débit trois fois plus grand et la
même pression. Donc, dans le conducteur de l'association en dérivateur, nous aurons une intensité trois fois
plus grande avec la même force électromotrice que dans
chaque élément.

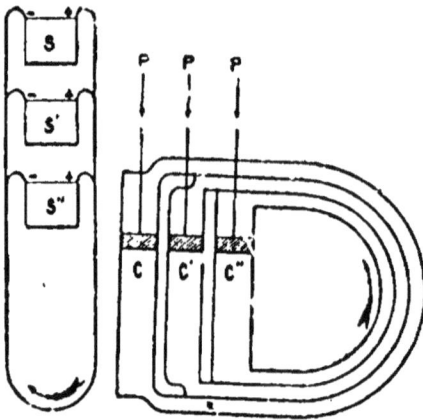

Remarque. — L'association en dérivation s'emploie
quand le circuit extérieur est peu résistant.

Remarque. — Dans la pratique, on combine ces deux genres d'association de façon à se placer dans les conditions les plus favorables en vue du but à atteindre. Un calcul que nous ne ferons pas connaître indique le nombre d'éléments à accoupler en série puis en dérivation.

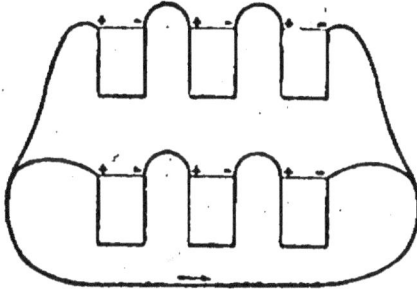

Effets produits par les courants.

Nous venons de voir un des moyens employés pour produire des courants électriques. Voyons maintenant quels effets peuvent produire ces courants. Ces effets seront les mêmes, que le courant soit produit par des piles ou par les autres sources d'électricité que nous n'avons pas étudiées.

Les courants électriques peuvent produire dans les conducteurs qu'ils parcourent :

1° *Des effets calorifiques,* c'est-à-dire produire une certaine quantité de chaleur capable d'élever la température du conducteur. — On démontre que cette quantité de chaleur est proportionnelle au carré de l'intensité du courant ainsi qu'à la résistance du conducteur. Autrement dit, la quantité de chaleur produite dans un conducteur par un courant est d'autant plus grande que le courant est plus intense et que le conducteur offre plus de résistance au passage du courant.

2° *Des effets lumineux.* — Les effets lumineux dépendent des effets calorifiques. Lorsque la chaleur développée sur une portion de conducteur par le passage du courant est suffisamment grande (pour cela il faut que le courant soit très intense et le conducteur très résistant), cette portion peut être portée à l'incandescence.

Cette propriété de l'incandescence est utilisée pour la production de la lumière électrique, dont l'étude fera l'objet de l'une des parties de ce cours.

3° *Des effets chimiques.* — Nous avons vu, en étudiant les piles, que le courant électrique pouvait décomposer les corps qu'il traversait. Nous ne nous appuierons pas davantage sur ce point suffisamment démontré.

4° *Des effets mécaniques.* — Les courants électriques sont capables d'effets mécaniques, comme par exemple de produire du travail à distance. La télégraphie, que nous étudierons, en est un exemple.

Comparaison entre les courants. Unités électriques.

Pour pouvoir apprécier les courants, il faut mesurer leurs divers éléments, c'est-à-dire mesurer leur force électromotrice, leur intensité; il faut de même apprécier les différents conducteurs en mesurant leur résistance. Ces différentes mesures doivent être rapportées à une même unité comparative. Nous allons indiquer quelles sont les unités choisies pour ces mesures. Nous en donnerons simplement la définition pour pouvoir permettre la lecture des documents ministériels; mais nous n'indiquerons pas dans le cadre de ce cours le moyen d'effectuer la mesure.

Unité de force électromotrice. — L'unité à laquelle on compare la force électromotrice d'un courant s'appelle *volt*; c'est à peu près la force électromotrice d'une pile Daniell.

Si nous reprenons les piles déjà étudiées, nous pouvons donner alors les quelques renseignements suivants :

	Force électromotrice.
Elément Leclanché	1^{volt},48
Elément Daniell...............	1^{volt}.
Elément Grove................	1^{volt},93.
Elément Bunsen...............	1^{volt},8.

Unité de résistance. — L'unité à laquelle on compare la résistance offerte par un conducteur au passage d'un courant s'appelle *ohm*. L'ohm est la résistance que présente une colonne de mercure d'une longueur de 106 centimètres, d'une section de 1 millimètre, à la température de la glace fondante ; c'est aussi approximativement celle d'une longueur de 100 mètres de fil télégraphique de 4 millimètres de diamètre.

Unité d'intensité. — L'unité d'intensité des courants s'appelle *ampère*. Cette unité se définit par la loi de Ohm, que nous avons énoncée plus haut ; il suffit d'y remplacer e et p par leurs unités, c'est-à-dire par le volt, et l'ohm, autrement dit l'ampère, est l'intensité d'un courant qui circule dans un conducteur ayant une résistance de 1 ohm sous l'action d'une force électromotrice de 1 volt.

NOTIONS SUR LE MAGNÉTISME

On appelle *aimants* les corps qui ont la propriété d'attirer le fer et *magnétisme* l'étude et la cause de ce phénomène.

On trouve dans la nature un oxyde de fer qui possède cette propriété à un haut degré; c'est un *aimant naturel*. Mais on peut en créer d'artificiels en frottant un barreau de fer avec un aimant naturel. Si ce barreau est en fer doux, il ne conserve pas l'aimantation; s'il est en acier, celle-ci persiste.

Que l'aimant soit naturel ou artificiel, les phénomènes produits sont les mêmes.

Si l'on plonge un aimant dans de la limaille de fer, on voit les particules de celle-ci attirées d'une façon bien

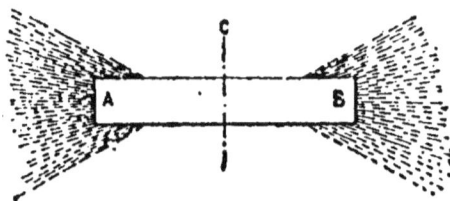

différente par les diverses parties de l'aimant; l'action est maximum aux deux extrémités A et B de l'aimant et nulle au milieu C.

Les deux extrémités du barreau où l'action est maximum s'appellent pôles de l'aimant; la ligne médiane où l'action est nulle se nomme *ligne neutre*.

La portion de l'espace dans laquelle s'exerce cette action d'un aimant s'appelle *champ magnétique;* elle est plus ou moins étendue suivant que l'aimant est plus ou moins énergique.

Orientation des aimants. — Quand on suspend un barreau aimanté à un fil, on constate qu'il s'oriente toujours de la même façon; l'un des pôles se dirige toujours vers le nord, l'autre toujours vers le sud. On les distingue en les appelant le premier *pôle Nord* et le second *pôle Sud.*

Procédés d'aimantation. — On peut aimanter un barreau de fer en le frottant avec un pôle d'aimant; mais il existe un autre procédé, le plus employé aujourd'hui, et qui consiste à utiliser les courants électriques.

Aimantation par les courants. — Un fil métallique traversé par un courant possède temporairement des propriétés magnétiques. On le constate en faisant passer un courant dans un fil de cuivre plongé dans de la limaille de fer. Celle-ci s'y fixe tant que le courant passe, tombe dès que le courant cesse.

On obtient des effets bien plus intenses en plaçant un barreau au milieu d'une hélice formée par un fil de cuivre dans lequel on fait passer un courant; on obtient ainsi une aimantation très puissante.

Mais, si, au lieu d'employer un barreau d'acier, on emploie un barreau de *fer doux,* l'aimantation se manifeste avec énergie tant que passe le courant, mais disparaît dès que le courant cesse. On peut obtenir ainsi des aimants très puissants qui offrent ce grand avantage de cesser dès qu'on interrompt le courant. On les désigne sous le nom d'électro-aimants.

Les électro-aimants sont employés pour produire, dès qu'ils sont excités par le courant, l'attraction d'une pièce de fer doux qu'on appelle *armature*. La forme la plus avantageuse pour ce résultat est celle du fer à cheval.

Ils se composent d'ordinaire d'un *noyau* ou barreau de fer doux recourbé en fer à cheval, sur les deux branches duquel on enroule un certain nombre de spires de fil de cuivre recouvert d'une enveloppe isolante, de manière à former deux bobines aux deux extrémités.

Nous avons déjà dit, en parlant des aimants naturels, que, dans tout aimant, il y avait deux pôles, un *pôle Nord* et un *pôle Sud*. Ces deux pôles existent également dans les aimants artificiels obtenus au moyen de courants électriques. Leur position réciproque dépend du sens dans lequel marche le courant. Des lois, que nous ne donnerons pas, les font connaître.

Quand les dimensions sont convenables et le courant suffisamment intense, on peut obtenir avec les électro-aimants des effets considérables : maintenir, par exemple, une armature de fer doux qui porte un poids de plusieurs milliers de kilogrammes.

Action des courants sur les aimants. — Nous ferons connaître, sans l'expliquer, le fait suivant :

Si l'on a une aiguille aimantée mobile sur un pivot vertical et qu'on en approche un courant électrique, l'aiguille est immédiatement déviée dans un sens qui dépend de celui du courant, et la déviation est proportionnelle à l'intensité du courant. On voit de suite un moyen de comparer l'intensité de deux courants électriques en comparant les déviations qu'ils produisent sur une même aiguille. Cette propriété est utilisée dans un appareil appelé *galvanomètre* et qui se trouve dans tous les postes télégraphiques.

Action des aimants sur les courants. — Réciproquement, les aimants peuvent donner naissance à des courants. On entoure, par exemple, un pôle d'aimant avec une bobine dont les extrémités du fil sont reliées par un autre fil conducteur. On constate dans ce dernier la production de courants chaque fois que l'on fait varier l'intensité magnétique de l'aimant. Nous verrons cette propriété utilisée en *téléphonie*. On y fait varier l'intensité magnétique en modifiant la distance à ce pôle d'une plaque métallique vibrante.

TÉLÉGRAPHIE

Principe de télégraphie électrique.

Une communication télégraphique se constitue de la façon suivante : un appareil *transmetteur*, placé au poste de départ, envoie dans un appareil *récepteur*, disposé au poste opposé, par l'intermédiaire d'un fil conducteur, un courant électrique qui agit sur ce récepteur et lui fait produire un signal déterminé, qui dépend de la durée de passage du courant et de la nature des appareils.

Pour cela, le transmetteur est relié d'une part à la ligne, d'autre part au pôle positif d'une source électrique, et le récepteur communique d'un côté avec la ligne, de l'autre avec le pôle négatif de la source soit au moyen d'un second fil, soit par l'intermédiaire de la terre.

Le programme de ce cours ne comporte que la description du télégraphe Morse militaire.

Télégraphie Morse.

Principes. — On a deux postes A et B; chacun d'eux se compose d'un *manipulateur transmetteur*, d'un *récepteur* et d'une *source d'électricité* afin que la transmission puisse se faire dans les deux sens.

Le manipulateur du poste transmetteur est formé d'un levier métallique dont le pivot M communique avec la ligne, et dont les deux bras peuvent toucher deux butoirs métalliques; l'un de ceux-ci, P, est relié par un fil conducteur avec le pôle positif de la source électrique et l'autre, V, communique avec le récepteur du même poste et avec la terre.

Une organisation identique se trouve au poste opposé B.

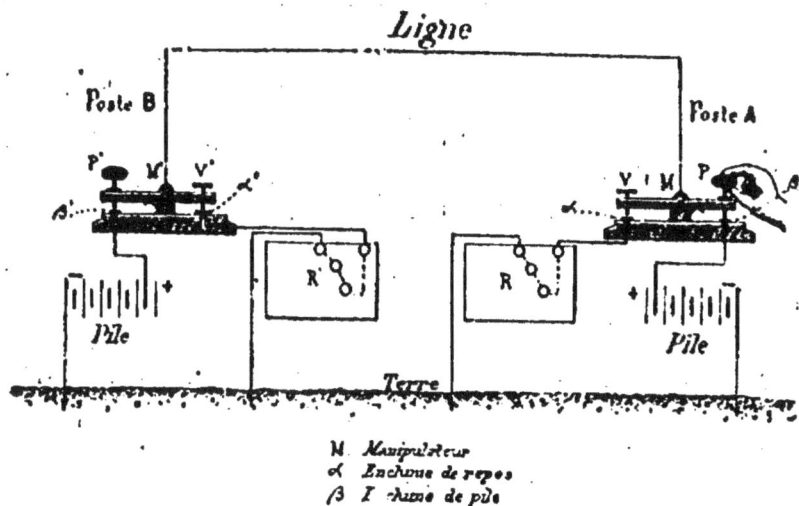

M. *Manipulateur*
α *Enclume de repos*
β *I -lume de pile*

Si l'on veut envoyer un signal du poste A, on appuie sur le bouton du manipulateur; celui de l'autre poste reste dans la position de repos. Le courant partant du pôle positif de la source du poste A passe dans le manipulateur, puis dans la ligne, arrive dans le manipulateur du poste opposé B, traverse le récepteur R, à l'aide de l'enclume de repos, et revient au poste négatif de la source du poste A, soit par un deuxième fil, soit par la terre.

Le récepteur se compose d'un électro-aimant, qui, lorsque le fil est traversé par le courant, attire une lame de fer doux A fixée à l'une des branches d'un levier; celui-ci pivote et son autre branche, munie d'un couteau C, vient appuyer une bande de papier contre une roulette enduite d'encre, qui laisse sa trace sur le papier.

La bande de papier se déroule avec une vitesse uniforme sous l'action d'un mouvement d'horlogerie, qui entraîne le papier par le frottement de deux cylindres.

Lorsque le manipulateur de A passe à la position de repos, le courant est interrompu, l'électro-aimant du récepteur R' lâche son armature, et le couteau cesse de presser la bande de papier.

En appuyant plus ou moins longtemps sur le manipulateur de A, on fait passer le courant plus ou moins longtemps dans le récepteur de B, et l'on détermine par suite sur la bande de ce papier des traces plus ou moins longues, qui, combinées convenablement entre elles et avec les intervalles qui les séparent, reproduisent des signaux conventionnels dont nous parlerons plus loin.

Détails sur l'appareil Morse de campagne.

Dans cet appareil, tout ce qui est nécessaire au fonctionnement d'un poste simple est réuni sur la même planchette, sauf la pile, la sonnerie, dont nous parlerons plus loin.

Le principe est le même que celui du Morse civil; mais on a été obligé, précisément à cause de l'usage auquel il est destiné, d'y apporter quelques modifications, mais seulement dans les détails.

Nous ne reparlerons pas du manipulateur, ni du récepteur: les renseignements donnés plus haut suffisent à leur connaissance.

Nous allons simplement donner quelques détails sur les accessoires de tout poste télégraphique.

Sonnerie. — Souvent, les besoins du service peuvent forcer le télégraphiste à s'éloigner de son appareil; il pourrait alors ne pas entendre les appels de son correspondant s'il n'était prévenu que par le bruit du levier en mouvement. On obvie à cet inconvénient en substituant une *sonnerie* au récepteur dans les intervalles des transmissions.

La sonnerie dite *trembleuse* se compose d'un électro-aimant BB' dont l'armature A est en contact avec un ressort R fixé à une borne P qui est reliée à la ligne par la borne L. Une extrémité du fil des bobines de l'électro-aimant est attachée à l'armature; l'autre communique avec la terre ou le fil de retour par la borne T. Lorsque le courant passe, l'armature est attirée; l'armature abandonne son contact avec le ressort R et le courant est interrompu: alors le ressort R ramène la tige à la position

initiale; il se produit ainsi une série d'oscillations de l'armature et, par suite, de battements du marteau sur le timbre pendant tout le temps que le courant traverse la sonnerie.

Quand on utilise une sonnerie comme nous venons de le voir, il faut donc pouvoir faire passer le courant soit par la sonnerie, pour être prévenu des appels, soit par le récepteur quand il s'agit de recevoir une dépêche. On y arrive à l'aide des *commutateurs*.

Il y a un grand nombre de commutateurs; nous en décrivons seulement deux, en commençant par celui qui est employé dans le Morse militaire.

Commutateur du Morse militaire.

— Il se compose d'une pièce métallique, A, d'une manette, L, et d'un plot, S. A la manette L aboutit le fil de ligne. A la pièce A est relié le fil qui passe à travers le récepteur; au plot S le fil qui va à la sonnerie. Ces deux pièces A et S sont en outre rigoureusement isolées l'une de l'autre.

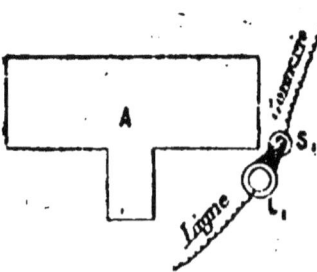

Le courant passe dans le récepteur.

On comprend alors que, si l'on met la manette L sur A, le courant ira à travers le récepteur; si, au contraire, on met la manette sur S, le courant ira à la sonnerie.

Pendant les repos, la manette doit être constamment sur S. Aussitôt que l'employé entend la sonnerie, il met la manette sur A pour recevoir la communication de son correspondant.

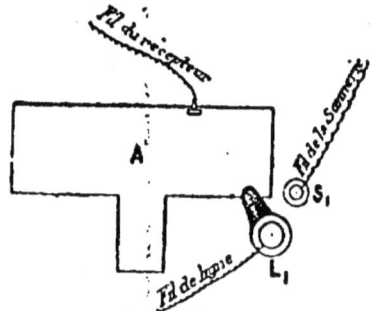

REMARQUE. — Dans la boîte Morse de campagne, on a deux manettes, $L_1 L_2$, deux plots, $S_1 S_2$; L et S sont pour un poste situé à droite du poste A et dont le fil de ligne aboutirait en L_1; L_2 et S_2 sont pour un poste à gauche de A, et dont le fil de ligne aboutirait en L_2. A chacun de ces deux postes de droite et de gauche

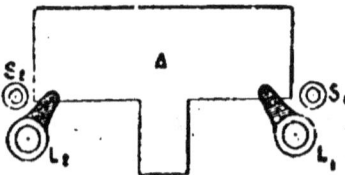

çorrespond donc une sonnerie dont les fils aboutissent pour l'une en S_1, pour l'autre en S_2.

Commutateur bavarois. — Nous allons faire connaître cet autre commutateur (bien qu'il ne figure pas dans la boîte Morse militaire), en raison de ses applications fréquentes.

Une plaque épaisse de cuivre est coupée en trois morceaux par deux traits de scie, l'un en long, l'autre en large. Avant d'être sciée, la plaque a été percée de deux trous, D, placés sur le trait de scie en long, de sorte que ces deux trous ont été séparés en deux par la coupure. Ces trois pièces sont fixées sur une plaque d'ébonite et par suite isolées les unes des autres. On relie par des fils L à la ligne, S à la sonnerie, M au manipulateur. Quand on introduira une cheville en cuivre (corps conducteur) dans D, la ligne et l'appareil seront en communication; si on l'introduit dans D, la ligne sera au contraire en communication avec la sonnerie.

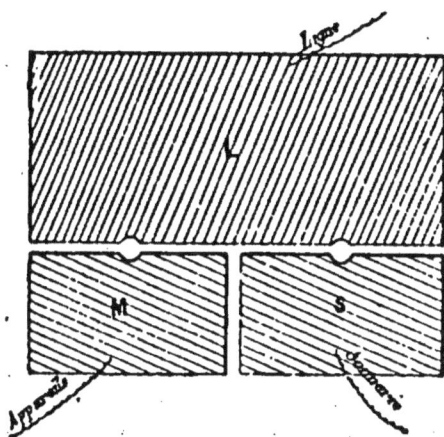

Mais, quand un employé appelle son correspondant, il est indispensable de pouvoir s'assurer que le courant de la pile émis par le manipulateur passe bien sur la ligne.

On opère cette vérification à l'aide du *galvanomètre*,

qui sert à constater le passage du courant de la pile et à mesurer en outre l'intensité du courant, comme nous l'avons dit plus haut.

Galvanomètre. — L'appareil est fondé sur le principe suivant que nous avons déjà énoncé : une aiguille aimantée, placée à côté d'un courant électrique, tend à se mettre en croix avec le courant ; la déviation qu'elle reçoit est du reste proportionnelle à l'intensité du courant.

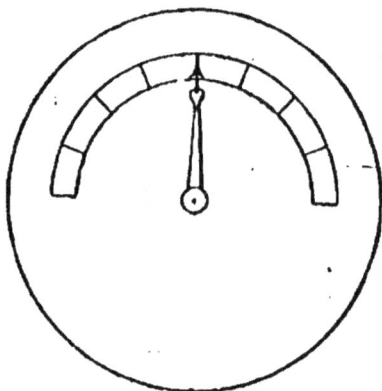

On a une boîte de cuivre fermée hermétiquement par une glace. A l'intérieur de cette boîte, se trouve un barreau aimanté entouré par le fil électrique. Une aiguille en cuivre, visible à travers la glace, est reliée à ce barreau ; elle lui est absolument parallèle ; elle en indique donc les déviations par suite du passage du courant.

Il y aurait encore quelques détails à donner. Nous apprendrons à les connaître quand nous parlerons du galvanomètre.

Paratonnerre. — Il nous resterait encore à parler du paratonnerre placé pour préserver le poste des effets de la foudre. Comme dans le programme de ce cours un chapitre spécial est affecté à la question des paratonnerres, nous attendrons d'y arriver pour pouvoir faire comprendre plus facilement le rôle de ce paratonnerre.

Rappel sur le manipulateur. — Aux renseignements que nous avons donnés sur cet appareil, il faut ajouter les suivants, qui trouveront leur application dans la suite :

Deux manettes *m* et *m'* sont jointes au manipulateur. L'une, *m*, repose sur une pièce métallique B faisant suite au massif composant l'axe du manipula-teur; l'autre, *m*', est en com-munication avec la pièce B par un fil intérieur. La tige de la manette peut être pla-cée sur la pièce C, à laquelle aboutit le fil de la pile, et mettre par suite en commu-nication la pile avec le mas-sif M, l'enclume de repos D et le récepteur. La tige *m*' peut prendre position sur le contact de repos D, reliant ainsi l'axe du manipulateur au récepteur, quelle que soit la position du levier. Deux plots en ébonite, S et S', reçoivent respectivement les tiges des manettes *m* et *m*' quand les communications indiquées ci-dessus ne sont pas employées.

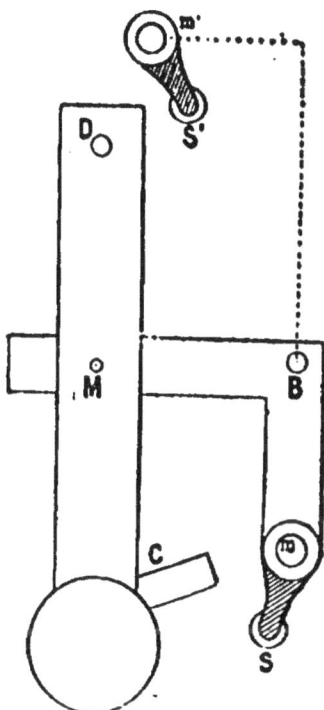

Description de la pile Leclanché employée en télé-graphie militaire. — On a un vase, un verre à moitié rempli d'eau dans lequel on a versé une forte poignée (80 à 100 gram-mes) de chlorhydrate d'ammoniaque.

Dans cette dissolution, baigne un vase poreux D rempli d'un mélange de peroxyde de manga-nèse et de charbon de cornue concassés.

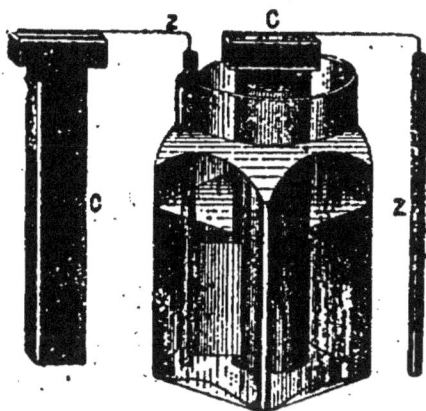

Une lame de charbon C est complètement entourée par ce mélange.

Un crayon de zinc amalgamé, Z, plonge dans un verre; ce crayon de zinc est terminé par une lame de cuivre étamée, soudée au charbon de l'élément précédent.

L'ensemble du zinc et du vase poreux avec le charbon et le mélange est tout préparé et bouché à la fabrication. Un trou pratiqué dans le bouchage laisse échapper les gaz qui se produisent quand la pile fonctionne.

Pour la télégraphie militaire, on a apporté à ce modèle quelques modifications. Le vase en verre est remplacé par un vase en ébonite contenant des morceaux d'éponge imbibés de solution de chlorhydrate d'ammoniaque, afin d'éviter que le liquide ne se répande.

La pile portative de campagne est formée de douze éléments en série, contenus dans une boîte en bois. A deux bornes de serrage, placées à la paroi intérieure de la boîte, sur des disques en ébonite, aboutissent les fils correspondant aux pôles positif et négatif de la pile, le pôle positif à droite, le pôle négatif à gauche.

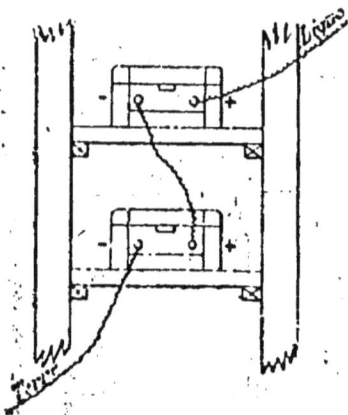

Une courroie fixée aux deux côtés de la boîte permet de la transporter à l'épaule. La boîte garnie pèse 7ᵏ,800; elle permet de transmettre, avec l'appareil Morse, une dépêche parcourant 30 à 40 kilomètres de fil.

Si la résistance de circuit est plus grande, on accouplera deux de ces boîtes en série,

Montage de la pile. — On introduit les crayons de zinc et les vases poreux garnis dans les vases en verre. On verse dans ceux-ci les paquets de sel ammoniac et l'on remplit avec de l'eau jusqu'aux deux tiers. Les vases poreux se trouvent ainsi baignés jusqu'à moitié de leur hauteur. A défaut de sel ammoniac, on peut employer le sel marin, mais l'effet est moins intense.

Il suffit de remplacer de temps en temps l'eau évaporée dans les vases en verre et d'y remettre du sel ammoniac tous les six mois environ.

Règles générales. — Placer les piles dans un endroit sec. Avoir des contacts très propres et des vis bien serrées. Ne laisser jamais en contact les vases poreux avec les zincs. Les fils conducteurs doivent être isolés et ne pas toucher aux murs.

Installation d'un poste.

1° **Installation simple.** — Le cas le plus général est celui de deux postes en communication directe et possédant chacun une pile et un appareil Morse.

Supposons un poste A en communication simple avec un poste B. La première opération consiste à attacher les fils. Or, sur la partie postérieure de la planchette de l'appareil, se trouvent huit bornes marquées par les lettres M, I, P, T, L^1, L^2, S^1, S^2. La borne P est la borne de la pile ; on y attachera donc le fil qui part du pôle positif de la pile. La borne T est la borne de la terre ; on y attachera donc le fil qui conduit le courant à la terre. Enfin, on attachera le fil de la ligne à la borne L. Une extrémité du fil de la sonnerie sera attachée à la borne S, et l'autre extrémité ira à la terre.

Chaque poste établit ainsi les communications. La figure ci-contre indique ces communications et permet de suivre la marche du courant à l'aide des indications suivantes :

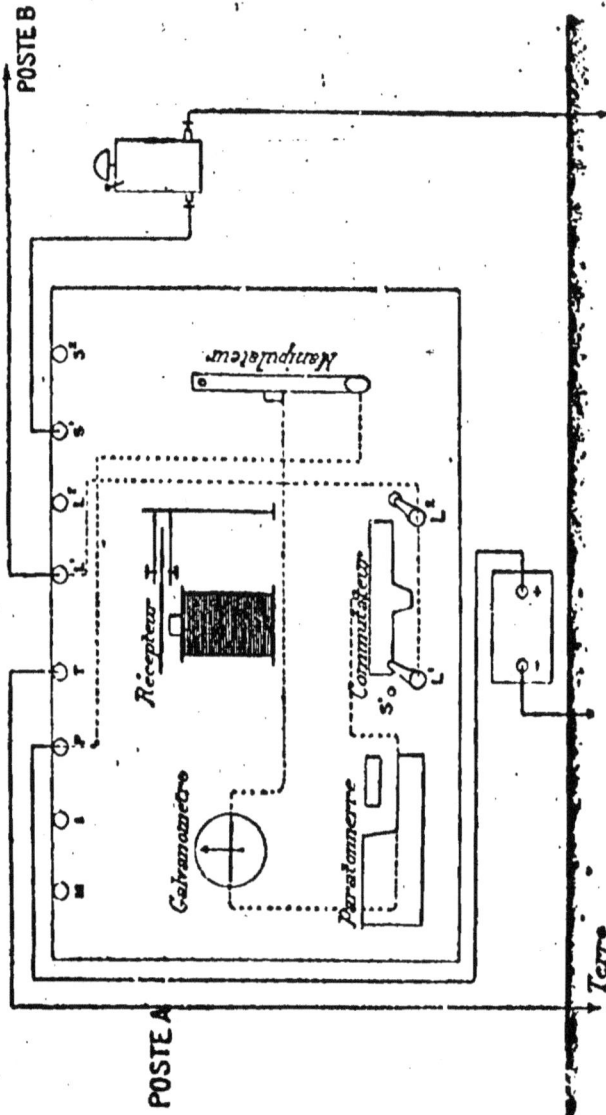

NOTA. — Le pointillé indique le trajet d'un courant de transmission. On pourra facilement établir de même celui d'un courant de réception à l'aide des indications données à la page suivante.

Courant de transmission. — Pour correspondre, le télégraphiste du poste A met la manette L_1 du commutateur sur le plot A (appareils) et donne un signal. Son courant aura la marche suivante :

Pôle positif de la pile ;
Borne P ;
Manipulateur, enclume de pile et massif ;
Galvanomètre ;
Paratonnerre ;
Commutateur ; plot A, manette L_1 ;
Borne L_1 et ligne.

Courant de réception. — Nous avons déjà dit que, pendant les temps de repos, la manette L_1 devait être S. Le courant de réception a la marche suivante :

Borne L_1 ;
Manette L_1 et plot S du commutateur ;
Borne S, sonnerie et terre.

Alors le télégraphiste du poste A met la manette L_1 du commutateur sur la plaque A. Dès lors, le courant de réception parcourra le circuit suivant :

Borne L_1 ;
Manette L_1 et pièce A du commutateur ;
Paratonnerre ;
Galvanomètre ;
Axe et enclume de repos du manipulateur ;
Entrée et sortie de l'électro-aimant ;
Borne T et terre.

La boîte du Morse est installée de telle façon qu'un poste A peut communiquer avec un poste B à sa droite et un autre C à sa gauche.

La figure ci-dessous indique comment il faut attacher les fils dans le cas d'une installation double et permet de comprendre le fonctionnement du poste A avec chacun des postes B et C, si l'on a déjà compris l'installation précédente du poste à simple direction.

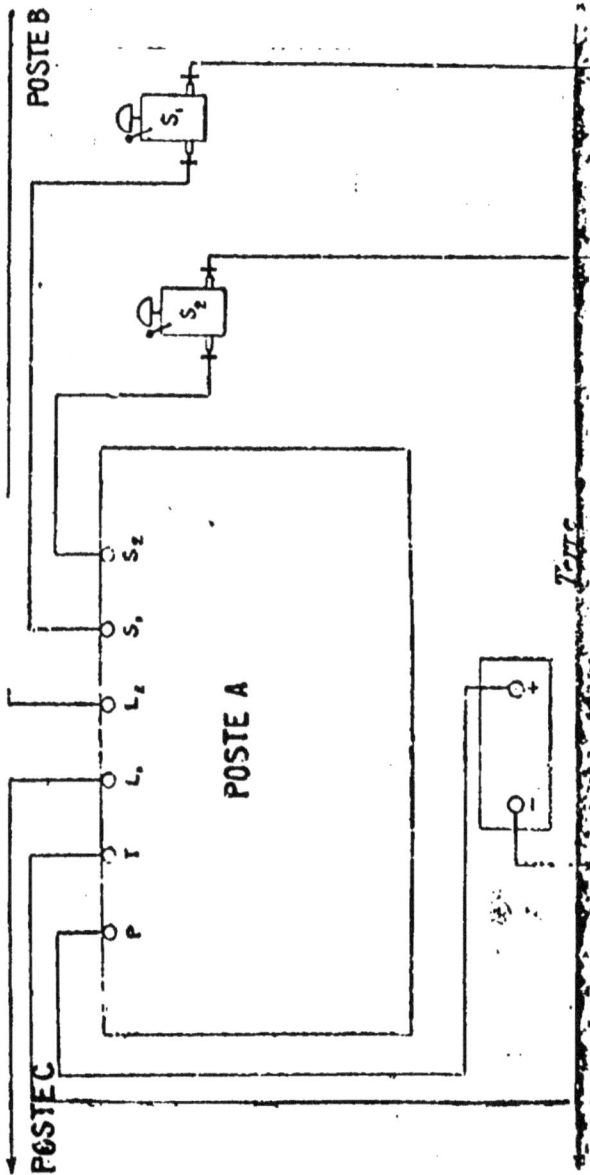

A chaque direction correspond une sonnerie. Les manettes du communicateur du poste A sont sur sonneries (S_1 et S_2). Dès que l'un des deux postes B ou C veut correspondre avec A, celui-ci en est prévenu par la sonnerie correspondante ; il met alors la manette correspondante sur le plot A. La marche du courant est la même que dans l'installation simple.

De même, si A veut correspondre avec l'un des postes B ou C, il place la manette correspondante sur A et laisse l'autre sur sonnerie.

Installer un poste en dérivation sur une ligne existante. — Deux postes, A et B, sont reliés télégraphiquement ; on veut relier à eux un poste intermédiaire C. Pour cela, on procède comme pour une installation simple. On munit le poste C d'un appareil et d'une pile et on relie la borne L de cet appareil à la ligne en un point quelconque M.

· On voit sans peine que, si l'un quelconque de ces trois

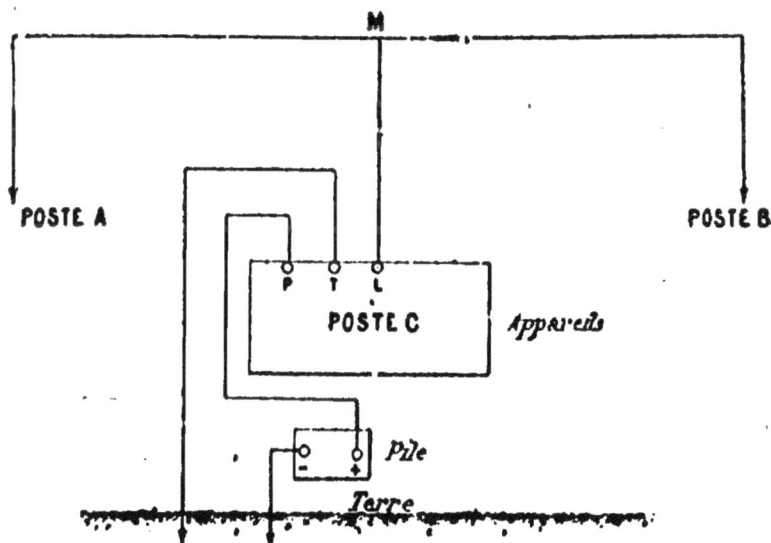

points, A par exemple, transmet, il y aura bifurcation de

courant : une partie ira sur C et l'autre sur B ; les deux postes recevront donc en même temps.

C'est là le seul inconvénient, car la communication peut n'intéresser qu'un seul des postes B ou C Lisons toutefois qu'une installation un peu plus compliquée, et employée dans la télégraphie civile, obvie à cet inconvénient.

Il est évident qu'on peut installer sur la ligne autant de dérivations que l'on voudra. Le nombre en est cependant limité à cause de la perte de courant qui se produit pour chacune d'elles.

REMARQUE. — On voit que ce procédé permettrait, en temps de guerre par exemple, de surprendre les communications télégraphiques de deux partis ennemis établis l'un en A et l'autre en B.

Installation d'un poste simple pouvant être faite dans une salle de cours. — Si l'on ne peut pas établir facilement les communications avec la terre, alors on se servira d'un fil de retour, comme l'indique la figure ci-contre.

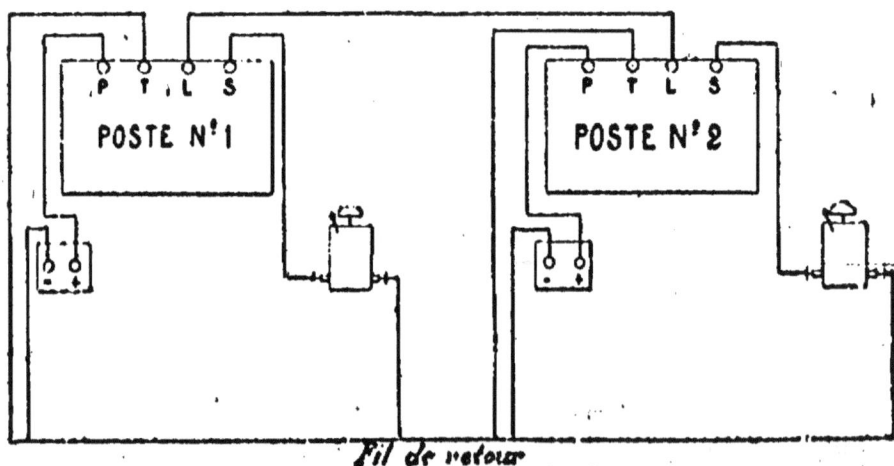

Fil de retour

Réglage des appareils.

Les signaux sont produits :

1° Par les *contacts* qu'on forme au *manipulateur;*

2° Par le feu de la *palette* du récepteur, sous l'influence du *courant;*

3° Par le *déroulement* convenable de la *bande;*

4° Par l'*encre* dont la *molette* est humectée.

De là quatre réglages nécessaires :

1° Réglage du manipulateur. — Si la vis R est trop serrée, les signaux, points ou traits, sont trop rapprochés et l'on dit alors que *tout colle;* il faut desserrer la vis R ; le levier du manipulateur ayant un plus grand espace à parcourir, l'intervalle entre les émissions est plus grand, les signaux sont séparés davantage.

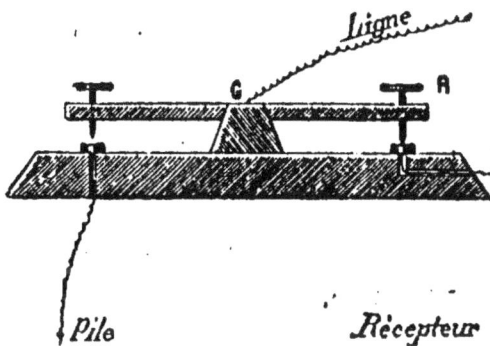

On ne doit jamais mettre d'huile à aucune des articulations, car l'huile empêche le courant de passer; il se forme, de plus, un cambouis qui non seulement isole mais rend la manipulation pénible.

Les articulations, les vis doivent seulement être tenues très propres.

2° Réglage du récepteur. — La fonction de la palette est de presser, sous l'influence du courant, le papier contre la molette.

Il faut que son *armature* puisse être attirée par le courant le plus faible et que cette attraction soit assez forte pour que la molette laisse sur la bande une trace nette et pure.

Donc deux réglages : *a*) pression de la molette ; *b*) jeu entre les deux contacts de l'armature I et P'.

La première partie de ce réglage s'effectue avant la réception.

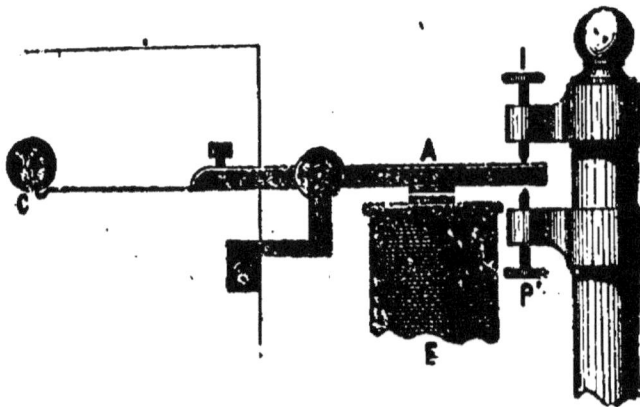

Récepteur.

. On abaisse avec le doigt le levier jusqu'à ce qu'il touche la vis P' ; puis progressivement, de l'autre main, en maintenant toujours le levier au contact, on desserre la vis R jusqu'à ce que la palette vienne toucher légèrement la molette. On règle la vis R de façon que le trait tracé sur la bande soit bien net et bien encré.

2° Réglage du jeu des contacts. — Quand un courant trop fort traverse l'électro-aimant d'un appareil Morse, les noyaux conservent une certaine aimantation après le passage du courant, quelquefois suffisante pour maintenir l'armature abaissée pendant un certain temps. Ce phénomène s'appelle *rémanence*.

Pour y obvier, on dispose le butoir inférieur P' de façon que l'armature ne puisse venir absolument au contact des noyaux. La puissance magnétique est un peu diminuée, mais le jeu est plus régulier.

Mais, d'autre part, il est indispensable de conserver à l'électro-aimant une force attractive suffisante. On y arrive de la façon suivante :

L'électro-aimant a été construit de manière que la partie M soit mobile dans une glissière en cuivre et puisse par suite être rapprochée ou éloignée de M' à l'aide d'une vis V. Si, au cours d'une transmission, l'intensité du courant augmente par suite des variations de résistance du conducteur, le jeu de l'armature n'en sera pas affecté, pourvu qu'on ait le soin d'éloigner un peu plus les deux parties M et M'.

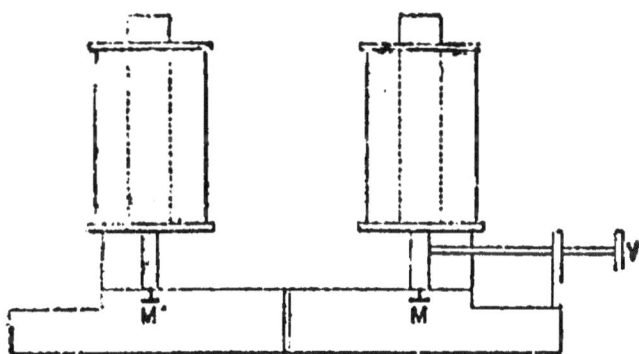

3° Déroulement de la bande. — La bande est entraînée, après son passage devant la molette, par deux cylindres cannelés roulant l'un sur l'autre. Le cylindre supérieur peut être pressé plus ou moins sur le cylindre inférieur. Une juste pression que l'on trouve facilement doit être exercée entre ces deux cylindres ; si les cylindres étaient trop serrés la bande avancerait par soubresauts.

4° Encrage. — On dépose l'encre grasse avec un pinceau sur le tampon circulaire en drap qui appuie sur la molette.

On doit éviter de trop encrer, car les signaux sont pâteux; c'est pourquoi on doit se servir d'un pinceau toujours bien égoutté.

Dérangements.

Quand une interruption se produit dans le cours des transmissions, il y a ce que l'on appelle un dérangement; la nature de ce dérangement est indiquée par le galvanomètre qui se comportera différemment suivant les cas.

1° L'aiguille du galvanomètre ne dévie pas. — Alors le courant ne passe pas, soit parce que la pile ne fonctionne plus, soit parce qu'une solution de continuité existe dans le parcours.

Pour vérifier la pile, il suffit d'attacher les deux fils aux bornes d'une sonnerie.

Si la sonnerie ne marche pas on aura une preuve du non fonctionnement de la pile, et il faudra alors vérifier avec soin les contacts et décaper en ces points les fils conducteurs.

Si la sonnerie marche, il existe alors une solution de continuité, il faut savoir si elle se trouve sur la ligne ou dans le bureau.

Pour savoir si elle est dans le bureau, il suffit de faire passer le courant de la pile du poste à travers l'appareil, en détachant le fil de ligne et en reliant au moyen de la manette M le massif du manipulateur à l'enclume de pile. Il suffit alors d'attacher un fil facile à vérifier aux bornes L et T après avoir mis la manette L du communicateur sur la plaque A.

Le courant passera donc alors d'une façon continue, car, par suite du contact établi par la manette M, il arrivera toujours à l'axe du manipulateur. De là il suivra deux chemins : l'un passant par l'enclume de repos à travers l'électro-aimant qu'il devra actionner ; l'autre allant de cet axe au galvanomètre, au paratonnerre, à la plaque A, à la manette L, à la borne L, à la borne T et, de là, à la terre. Le circuit étant fermé pendant tout ce trajet, l'aiguille du galvanomètre devra être déviée si aucune solution n'existe dans un quelconque des appareils que nous venons de nommer. Si l'aiguille reste immobile, le dérangement est dans le poste. Il faut alors : 1º Vérifier les fils conducteurs de la pile ; 2º Vérifier chacun des appareils accessoires ; 3º Vérifier la pile comme nous l'avons dit plus haut.

REMARQUE. — On peut, si l'on veut, faire passer tout le courant dans les appareils en appuyant sur le bouton du manipulateur ou dans le récepteur seulement, en utilisant la manette M' et en isolant la manette L de la plaque A et du plot.

2º L'aiguille du galvanomètre dévie normalement. — La non transmission peut provenir de ce que le courant du poste A traverse la bobine de l'électro-aimant du poste sans attirer l'armature ; cela est alors dû à un réglage défectueux que l'on corrige en rapprochant les noyaux à l'aide de la vis de rappel située à la base de l'électro-aimant.

Il peut arriver aussi qu'une solution de continuité existe dans la portion de circuit qui n'est pas commune aux deux correspondants (sa portion commune est celle qui est comprise entre les massifs des deux manipulateurs). Si elle existe dans le poste A, par exemple, le poste B transmettra régulièrement ; son galvanomètre déviera, et pourtant il ne recevra pas les signaux de A,

Chacun des deux postes vérifiera donc son bureau en mettant la manette M' sur l'enclume de repos ; si l'armature fonctionne quand on appuie sur le manipulateur, c'est que le dérangement se trouve dans le poste opposé.

3° L'aiguille du galvanomètre dévie faiblement. — Il y a alors diminution d'intensité pour les causes suivantes :

a) Affaiblissement de la pile ;

b) Dérivation d'une partie du courant, soit par le fil reliant la pile à la borne P et qui peut se trouver, par suite d'un contact, en communication avec la terre, soit par le paratonnerre quand on est obligé de prendre des précautions pour la foudre.

4° L'aiguille du galvanomètre renverse. — Ceci ne peut provenir que d'une perte totale à la terre par suite de la rupture du câble dont les extrémités sont en contact avec le sol. L'intensité du courant est devenue beaucoup plus considérable par suite de la diminution de résistance.

Lecture et transmission des dépêches.

On sait que, pendant le passage du courant dans l'appareil, si celui-ci se déroule il y a un trait continu sur la bande.

Or les signaux Morse se composent de traits et de points. On arrive à les former en appuyant convenablement sur le bouton du manipulateur.

1° On apprend à faire des points égaux et réguliers.

On doit commencer par battre une mesure égale à peu près à celle du balancier à secondes : un..., deux...

Quand on a bien répété cet exercice, on continue un

peu plus vite en observant toujours une grande régularité de mouvement. Un défaut chez les commençants est
de manipuler trop vite ; or, la rapidité s'acquiert seule
avec l'habitude.

Il est indispensable d'accoutumer, dès le commencement, l'oreille à bien suivre les mouvements de la main
si l'on veut parvenir à lire au son.

2° Quand on peut produire les points régulièrement on
s'exerce à faire des barres ; un trait doit avoir environ la
longueur de trois points ; on peut alors prendre comme
mesure : un, deux, trois..., un, deux, trois... Le temps
pris pour relever la main suffit pour la séparation des
traits.

3° On continue en combinant les traits et les points :

> Un trait et un point,   un point et un trait ;
> Un trait et deux points,   un point et deux traits ;
> Un trait et trois points,   un point et trois traits.

Puis on recommence en sens inversé, en commençant
par un, deux, trois, quatre traits ou par un, deux, trois,
quatre points.

Il faut exécuter ces derniers exercices d'abord très len-
tement.

Quand la main et l'oreille sont bien rompus à ces exercices, on reproduit l'alphabet Morse en le lisant sur un
modèle ; il faut s'exercer à répéter de mémoire chaque lettre ou signe.

RÈGLES. — L'espace qui sépare les signaux d'une même
lettre doit être égal à un point.

L'espace entre deux lettres doit être égal à trois points.

L'espace entre deux mots doit être égal à cinq points.

Pour correspondre on met entre deux lettres un intervalle égal à un trait et entre deux mots un intervalle au
moins égal à deux traits.

ALPHABET MORSE.

LETTRES.	SIGNES CORRESPONDANTS.	LETTRES.	SIGNES CORRESPONDANTS.	LETTRES.	SIGNES CORRESPONDANTS.
a		j		s	
b		k		t	
c		l		u	
d		m		v	
e		n		x	
f		o		y	
g		p		z	
h		q		ch	
i		r		é	
				w	

CHIFFRES	SIGNES CORRESPONDANTS.	CHIFFRES	SIGNES CORRESPONDANTS.
1		6	
2		7	
3		8	
4		9	
5		0	

PONCTUATION.

	SIGNES CORRESPONDANTS.
Barre de division	
Point	
Point à la ligne	
Attente	
Erreur	
Répétez ou point d'interrogation	
Commencement de transmission	
Point final ou compris	

Installation pouvant être employée
pour des exercices isolés, de manipulation.

Le but est d'utiliser isolément tous les appareils disponibles de façon que chaque opérateur écrive sur la bande de l'appareil qu'il manipule, afin de pouvoir se rendre compte immédiatement de la régularité des signaux.

1° Pour les appareils isolés il suffit de relier le fil de la pile à la borne P, le fil négatif à la borne T, *en ayant eu soin au préalable de mettre la manette M' sur l'enclume de repos.* Le courant va donc quand on appuie sur le manipulateur de l'axe M à la manette M' puis à l'enclume de repos d'où au récepteur et à la terre.

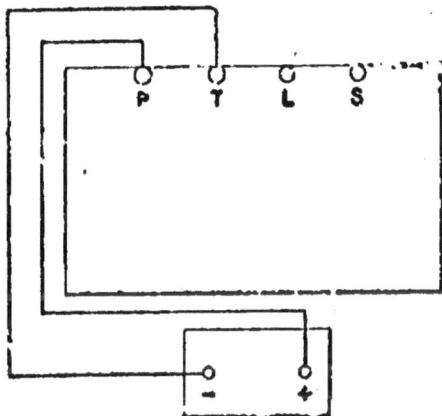

Les deux appareils sont reliés télégraphiquement. Pour l'installation d'un poste simple, on peut les utiliser aussi isolément; pour cela, il suffit de laisser le commutateur sur sonnerie et de mettre la manette M sur l'enclume de repos.

TÉLÉPHONIE

On appelle, en général, *téléphone* tout appareil capable de transmettre la parole à distance.

Principe.

Sur l'un des pôles d'un barreau aimanté A est placée une bobine. Au-dessus du pôle est tendue une membrane en fer M N. Lorsqu'on parle devant cette membrane, elle vibre, son centre se rapproche et s'éloigne de l'ai-

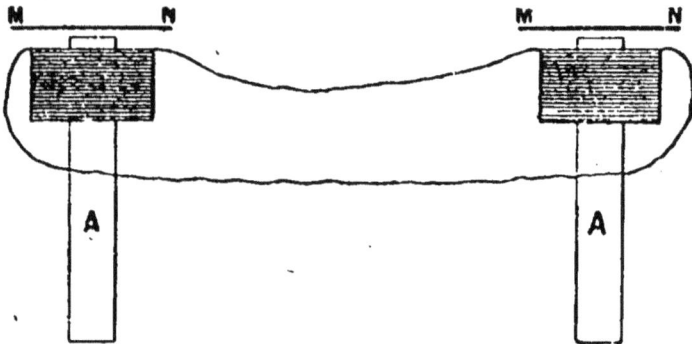

mant, dont l'état magnétique se trouve ainsi modifié constamment; de ces modifications résultent dans le fil de la bobine des courants dont l'intensité varie comme le nombre et l'amplitude des vibrations de la membrane.

En arrivant dans le téléphone correspondant, ces courants produisent un effet inverse et symétrique; c'est-à-dire que, modifiant suivant leur intensité l'attraction qu'exerce au repos l'aimant sur la membrane, ils la font vibrer à l'unisson de la première.

Comme tous les appareils électriques, les téléphones

peuvent être reliés par un seul fil, et les communications avec la terre, ou à l'aide de deux fils.

Les téléphones à aimant sont dits *magnétiques*. Afin de les distinguer des *téléphones à pile*, qu'on appelle aussi *microphones* et que nous étudierons plus loin, toutes les fois que nous parlerons de téléphones sans aucune spécification, nous aurons en vue un téléphone magnétique.

REMARQUE. — On conçoit que, dans tout téléphone, il y ait un réglage à exécuter, car la lame vibrante doit être à une distance convenable des pôles. Cette distance se cherche par tâtonnements; chaque appareil possède des vis de réglage permettant de faire varier cette distance, jusqu'à ce que les sons transmis soient aussi distincts que possible.

Etude des téléphones magnétiques en usage dans l'armée.

Définitions. — Le téléphone devant lequel on parle est dit *transmetteur;* le téléphone dans lequel on écoute est dit *récepteur.*

On les construit d'une façon identique, de manière que chacun puisse servir soit de transmetteur, soit de récepteur; cette condition exige que la plaque soit suffisamment mince pour vibrer sous l'action de la parole.

Téléphone Bell. — C'est le premier et le plus simple des téléphones magnétiques; il est formé d'un aimant droit dont un seul pôle porte une bobine et actionne la plaque. L'intensité des sons transmis est faible; de plus, il est facilement déréglable. Quand il ne transmet plus convenablement, on agit sur l'anneau *a* de la vis qui pénètre dans le pôle situé vers l'extrémité du manche, de manière à modifier la distance de la plaque au pôle op-

posé jusqu'à ce que les sons transmis soient aussi distincts que possible.

Le manche, la caisse, l'embouchure sont en bois.

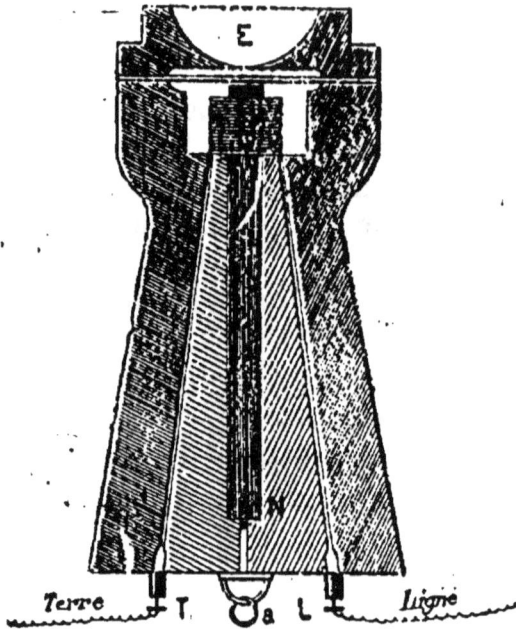

Téléphone Gower. — Sur les pôles d'un aimant puis-
sant en fer à cheval sont placées deux bobines d'électro-
aimant. Le noyau de ces bobines ne fait pas partie de
l'aimant. Il est en fer doux et fixé au pôle de l'aimant et
se trouve par suite aimanté. Les extrémités du fil des bobines aboutissent aux deux bornes L et T isolées de la
boîte.

La lame vibrante MN en fer blanc est portée par le
couvercle. Elle est percée d'un trou O sur l'orifice in-
terne auquel est soudé un étui métallique E renfermant
une hanche d'harmonium, cette hanche vibre quand on
souffle par l'ouverture du couvercle. On produit ainsi un
appel transmis aisément au poste récepteur. Un tuyau

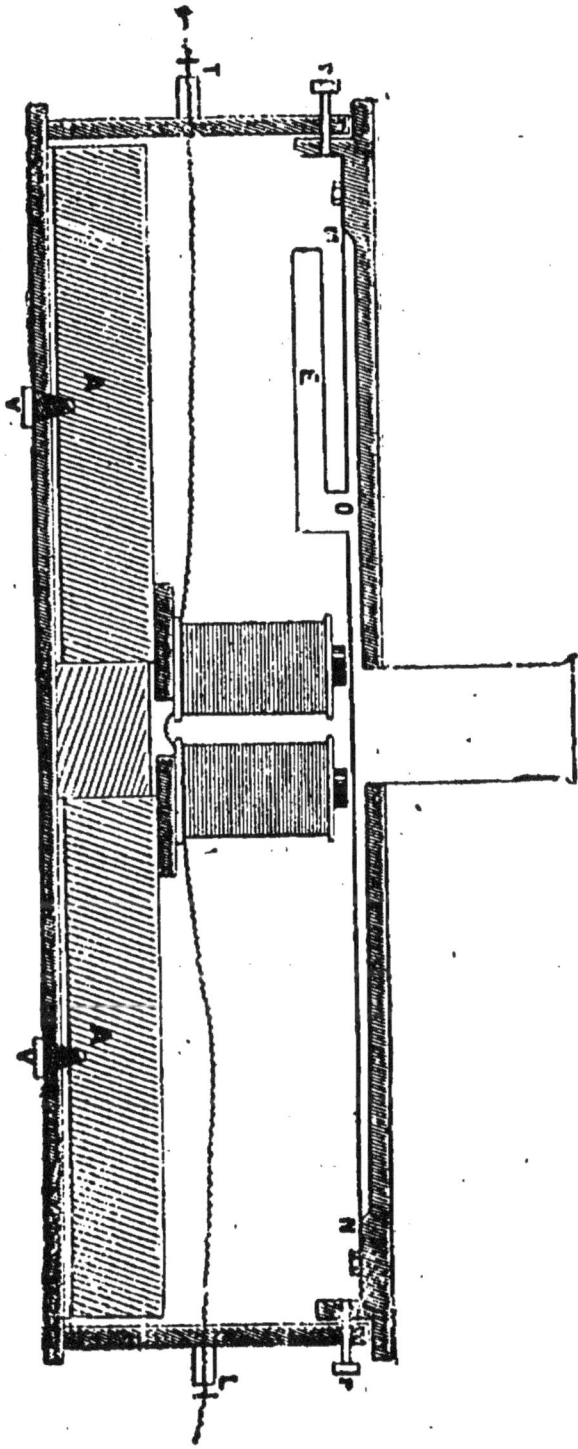

flexible, s'adaptant sur l'ouverture du couvercle et portant une embouchure, peut également servir de cornet acoustique pour la réception.

Des vis r fixent le couvercle à la boîte et permettent, par suite d'une disposition spéciale, de le rapprocher ou de l'éloigner. Comme le couvercle porte la plaque vibrante et que le réglage se fait en approchant ou éloignant cette plaque des pôles, on a ainsi un moyen facile de régler l'instrument.

Téléphone Ader. — Le principe est absolument le même que celui du téléphone Gower, seulement, l'aimant A, de forme circulaire, sert de poignée à l'instrument.

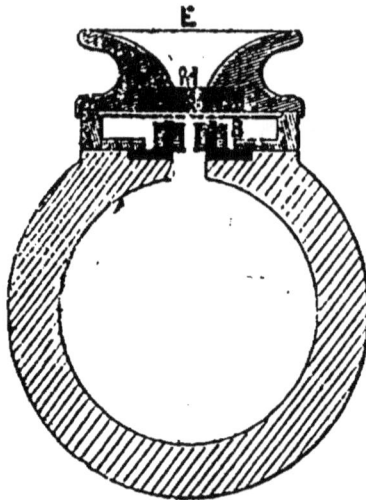

A aimant.

B bobines.

M anneau de fer doux.

E embouchure.

L'inventeur a cependant ajouté un anneau de fer doux, M, entre l'embouchure en ébonite et la plaque vibrante, auquel il attribue le rôle de surexcitateur du champ magnétique.

Ce téléphone rend des sons excellents et est indéréglable.

Téléphone d'Arsonval. — Le principe reste le même; seulement les deux pôles sont concentriques; l'un est plein, l'autre annulaire, et la bobine est enfermée entre les deux. Cette disposition a pour résultat de plonger tout le fil de la bobine dans le champ magnétique.

Téléphone Roulez. — C'est un des téléphones les plus employés dans l'armée. Il comprend un *transmetteur* et deux *écouteurs* réunis entre eux et aux fils de ligne par des conducteurs doubles.

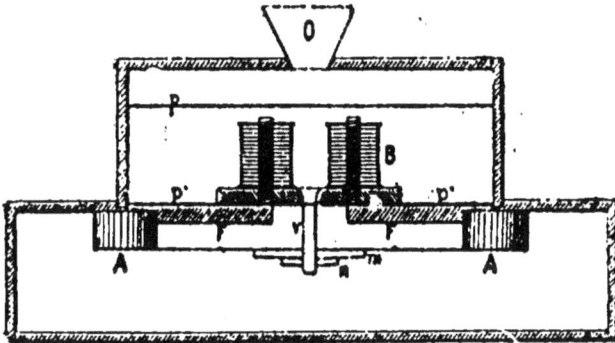

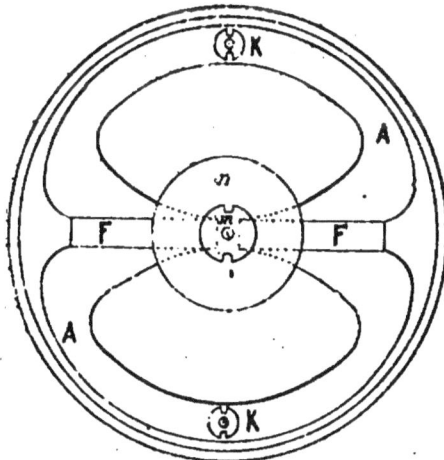

Le *transmetteur* comporte une large boîte cylindrique contenant deux aimants en forme de C dont les pôles de même nom sont en regard et réunis par un fer doux F. Les deux fers doux sont fixés sur une plaque p' qui constitue le fond d'une caisse de résonnance pp'; les vis en fer qui les portent forment les axes des bobines B B et se prolongent jusqu'à une faible distance de la plaque vibrante p.

Les aimants sont fixés au-dessus de la large boîte par des écrous, K

Les *écouteurs* sont construits d'une manière analogue. Deux aimants en forme de C sont placés en regard comme dans le transmetteur et séparés par un fer doux qui porte les bobines. Le tout est fixé sur le fond d'une boîte de résonnance.

Réglage. — La partie inférieure de l'instrument est vissée en v; dans cette partie se trouve une clef de réglage qui permet de dévisser le contre-écrou m pour dégager l'écrou n. Toute rotation donnée à l'écrou n fait mouvoir dans le sens de l'axe la vis v, qui entraîne avec elle la plaque de fer doux et les bobines, modifiant ainsi la distance des pôles à la plaque vibrante.

Téléphone Aubry. — Un aimant plan circulaire A A' porte sur un diamètre deux épanouissements constituant les pôles. Sur ces pôles sont fixés deux fers doux entourés de bobines.

Le tout est enfermé dans une boîte de résonnance, hermétiquement close, dont les deux parois sont constituées d'un côté par la plaque vibrante de fer-blanc C, encastrée par le couvercle H K, de l'autre par une plaque V, de métal non magnétique, encastrée par le fond F du téléphone. L'aimant A est boulonné sur la plaque V. Les vibrations de la plaque C se communiquent à la plaque V et à l'air renfermé entre les deux, de manière à constituer ainsi un ensemble d'une grande sonorité.

Le couvercle et le fond étant énergiquement serrés sur

lés plaqués rendent leur distance invariable et l'instru.
ment ne se dérègle pas..

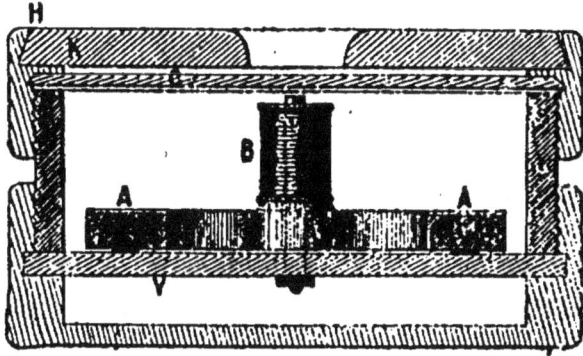

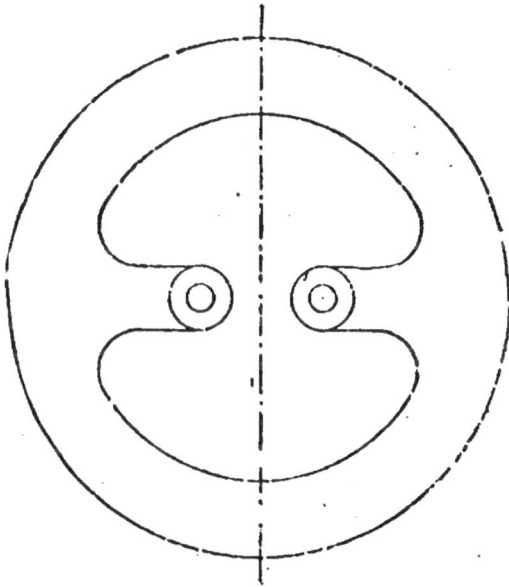

Téléphones à pile et microphones.

· Comme nous l'avons expliqué en donnant le principe
sur lequel étaient basés les téléphones, les vibrations sonores, en agissant sur la membrane d'un téléphone magné-

tique, développent dans la bobine, et par suite dans le circuit téléphonique, des courants. C'est une transformation du travail de la voix et l'on conçoit qu'ils n'aient qu'une intensité limitée. Aussi lorsque la distance devient trop grande, quand la ligne n'est pas parfaitement isolée, ces appareils ne peuvent produire que des sons très faibles. On a donc cherché une combinaison permettant de transmettre la voix non plus en produisant des courants mais en utilisant ceux qui sont engendrés par une pile. De cette façon, on est libre de proportionner la source d'électricité aux résistances que l'on a à vaincre et les sons reçus par le récepteur peuvent acquérir une grande intensité.

Les téléphones à pile ou microphones sont fondés tous sur le même principe qui est d'utiliser les vibrations sonores pour modifier la résistance d'un circuit renfermant une pile et, par suite, pour faire varier l'intensité du courant. En effet, nous rappelons que la loi de Ohm se traduit par la formule $i = \dfrac{e}{r}$, qui montre que, quand r (résistance) augmente, i (intensité) diminue.

Ces deux sortes d'appareils peuvent donc amplifier de faibles bruits ; mais, malgré cela, ils ne sont pas tous capables de reproduire la parole ; à ceux qui possèdent cette propriété, on réserve la dénomination de *téléphones à pile*.

REMARQUE IMPORTANTE. — Les microphones et téléphones à pile peuvent, dans certaines conditions, être employés comme récepteurs ; mais il faut pour cela quelques précautions, et d'ailleurs les sons émis par ces appareils sont plus faibles que ceux qui sont produits par les téléphones magnétiques ; aussi, dans la pratique, on installe les postes en prenant pour *récepteurs* des *téléphones magnétiques* et pour *transmetteurs des téléphones à pile ou microphones*.

Microphone de Hugues. — Ce fut le premier transmetteur microphonique.

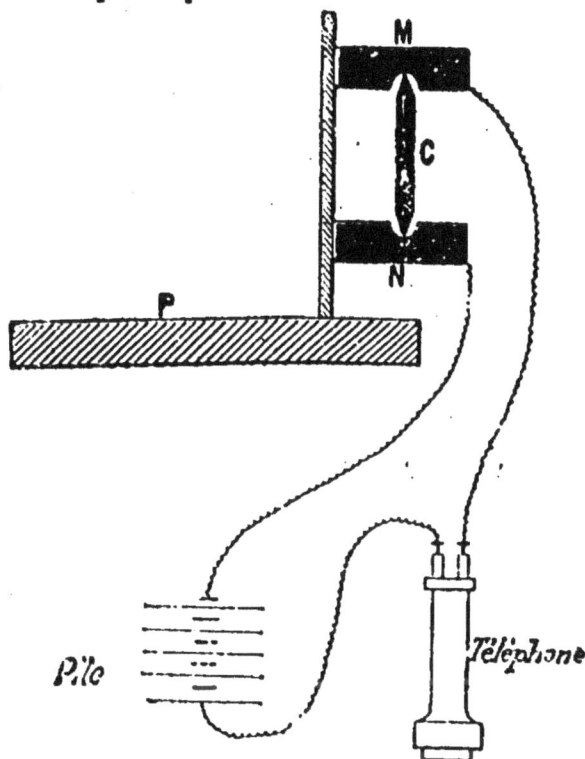

Il consiste en un petit crayon de charbon de cornue, C,
taillé en pointe à ses deux extrémités et maintenu verticalement entre deux godets, M et N, également en charbon, qui sont fixés à une table d'harmonie posée sur un
plateau P. Les godets sont attachés aux extrémités d'un
circuit renfermant une pile et un téléphone récepteur.
La moindre vibration produite en P se transmet entre les
extrémités du crayon. La résistance aux points de contact passe donc par une série de variations qui influent sur
l'intensité du courant et produisent, par suite, des sons dans
le téléphone récepteur, d'après ce que nous avons vu
précédemment dans l'étude des téléphones magnétiques.

Cet appareil est d'une telle sensibilité que même la marche d'une mouche sur le plateau P suffit pour produire un son distinct dans le téléphone.

Tel est le principe des *transmetteurs microphoniques*. Car si l'on met devant une plaque vibrante une ou plusieurs baguettes de charbon disposées comme la précédente sur le circuit d'une pile traversant un téléphone, quand on parlera devant cette plaque, les vibrations résultantes feront modifier les contacts des charbons dans les godets et modifieront ainsi les résistances opposées au courant.

Il se produira par suite dans le téléphone des vibrations analogues qui reproduiront dans cet instrument les sons produits devant la plaque du transmetteur microphonique.

Microphone Ader. — Le microphone Ader, qui est très employé pour transmettre la parole et la musique, se compose d'une boîte munie d'un couvercle en bois mince au-dessous duquel sont fixées trois traverses de charbon *a*, *b*, *c*, disposées parallèlement et supportant entre elles dix petits charbons cylindriques.

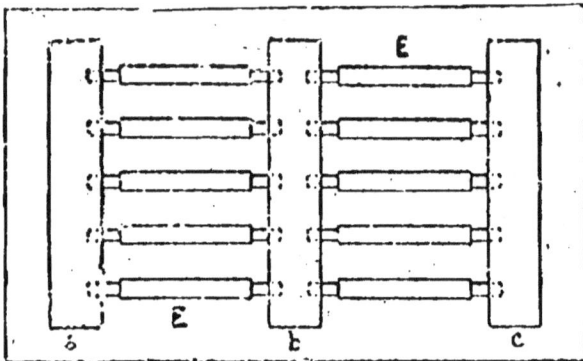

Ceux-ci sont terminés par de petits tourillons qui s'engagent avec beaucoup de jeu dans des trous percés dans les traverses. Les traverses extrêmes *a* et *c* sont reliées aux pôles de la pile sur le courant de laquelle est installé un téléphone récepteur.

On conçoit sans peine le fonctionnement de cet appareil qui n'est, en somme, que l'amplification de l'appareil Hugues.

Nous décrirons encore le microphone suivant, dont l'emploi est conseillé pour les installations nouvelles de l'artillerie.

Microphone d'Arsonval et Paul Bert. — On a cherché à construire un appareil portatif en assurant entre les charbons des contacts indépendants de la position de l'appareil.

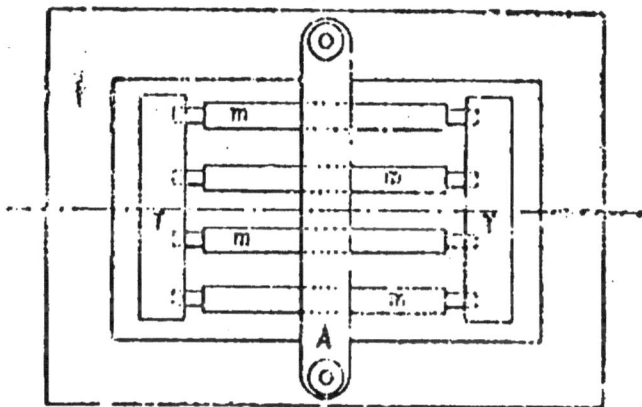

Les charbons C reposent par leurs tourillons dans des alvéoles pratiquées sur les traverses TT. Ils sont entourés chacun d'un manchon *m* de fer. En regard de ces manchons se trouve un aimant, A, qui les attire, entraînant ainsi les charbons dont il assure le contact permanent avec les traverses.

L'appui des charbons dans leurs alvéoles est donc déterminé par la distance de l'aimant aux manchons. Cette distance est réglée au moyen d'une vis, qui écarte

plus ou moins des charbons un ressort et l'aimant A fixé
à ce dernier.

Appareils accessoires
des postes téléphoniques.

Pour une communication entre deux postes téléphoniques, il est indispensable d'employer un dispositif qui
permette à chacun d'eux de prévenir le correspondant,
afin que celui-ci écoute dans un téléphone. Ce dispositif se nomme *avertisseur* ou *appel*.

On distingue les *appels à sonnerie* et les *appels phoniques.*

Appel électrique. — Il suffit d'établir sur le fil de
ligne des deux téléphones, un commutateur à chaque

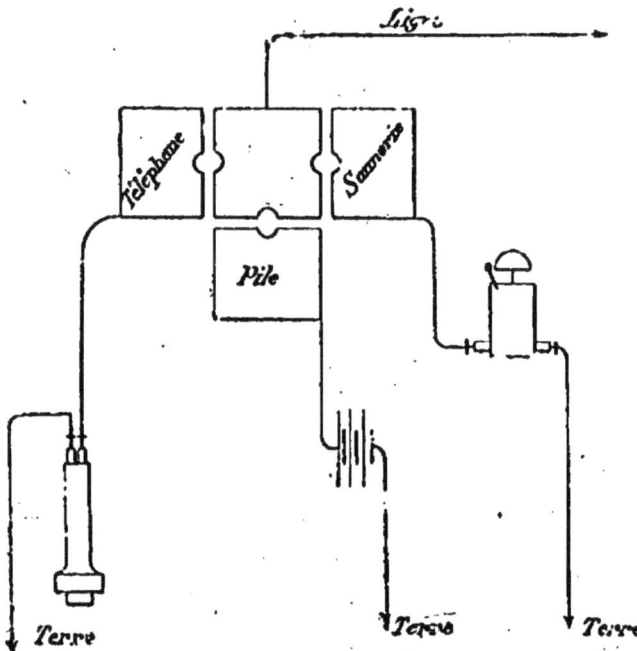

poste, et qui fasse communiquer la ligne soit avec le téléphone, soit avec une sonnerie, soit avec une pile. Au repos, les deux postes sont sur sonnerie; si A veut correspondre, il met en communication la pile avec la ligne, le courant actionne alors la sonnerie de B. Celui-ci se met aussitôt en communication en reliant son téléphone à la ligne.

Il existe d'autres appels électriques, tels que la *sonnerie polarisée*, *l'appel magneto-électrique à bobine Siemens*, etc., etc. Nous nous contenterons d'avoir indiqué leur existence, car l'étude de leur fonctionnement réclame des connaissances en dehors des limites du cours.

Appels phoniques. — Ce sont des appels actionnant directement le téléphone. Ils servent à produire dans le téléphone des sons plus intenses que ceux qui y sont habituellement recueillis et permettent ainsi d'attirer l'attention du correspondant.

1° On peut faire un appel phonique en frappant quelques coups d'ongle sur la membrane du *transmetteur*. L'*écouteur* ou *récepteur* du poste opposé rend des sons perceptibles à distance.

2° *Trompette à anche.* — Elle suffit pour appeler l'employé qui porte son téléphone suspendu à son cou ou déposé sur une table à côté de lui;

3° *Appel phonique Sieur.* — Son principe est le suivant: Une rondelle épaisse de cuivre, R, est découpée sur son pourtour en forme de roue dentée. Les intervalles des dents sont remplis par de petits barreaux de fer doux. Lorsqu'on fait tourner rapidement cette roue, de manière à faire passer devant un aimant A tous les points de son pourtour, le champ magnétique de cet aimant est modifié chaque fois que passe un barreau de fer doux.

Il en résulte, comme nous l'avons déjà fait connaître en développant le principe des téléphones (par suite de la variation du champ magnétique), des courants d'intensité variable circulant dans la bobine. Ces courants se font sentir dans le poste correspondant, et, par suite du mouvement rapide de la roue R qui les fait naître, ils peuvent se succéder assez rapidement pour produire des sons donnant l'illusion de l'aboiement d'un chien.

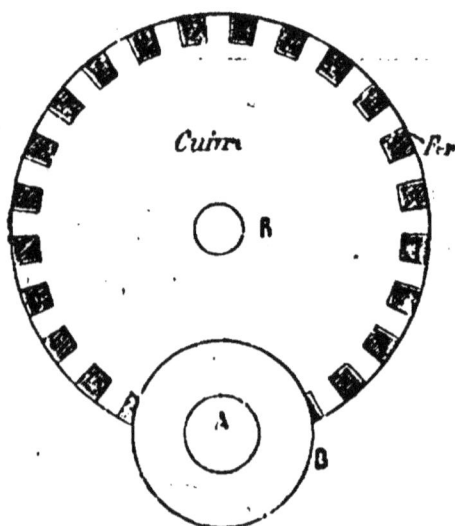

Montage des postes.

La nature et le nombre des appareils dont les différents postes doivent être munis varient avec le rôle et l'importance de ces postes. A cet égard, nous distinguerons :

1° *Les postes volants ;*

2° *Les postes simples ;*

3° *Les postes centraux.*

1° **Postes volants.** — Ce sont, par exemple, les postes établis dans un champ de tir et qui peuvent être déplacés à volonté d'un point à un autre.

Ils pourraient se composer de deux téléphones dont

l'un servirait d'écouteur et l'autre de transmetteur. Dans
la généralité des cas on se sert d'un seul téléphone pour
remplir ces deux rôles et l'on prend comme avertisseur
des tuyaux à anche.

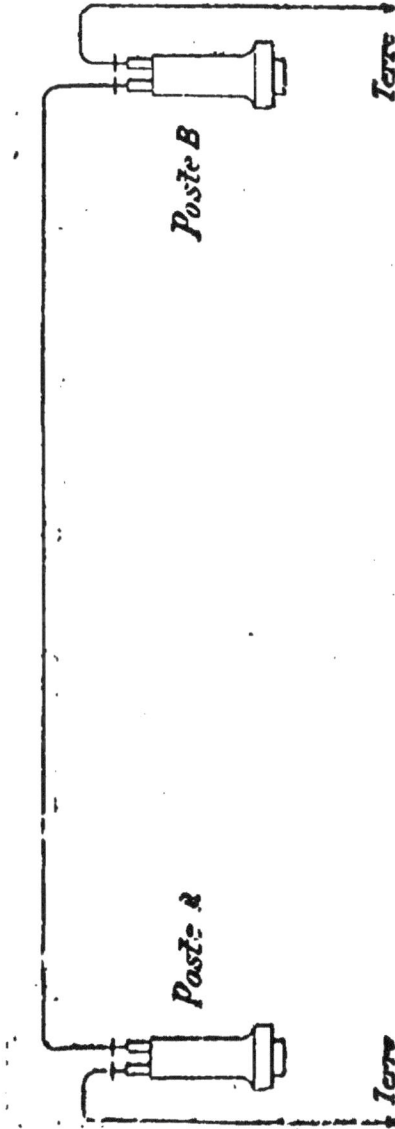

Remarque. — Une ligne étant installée de la façon précédente entre deux points **A** et **B**, représentant par exemple les extrémités d'un champ de tir, on peut relier à cette ligne des points intermédiaires **C D**, représentant les abris du champ de tir.

On peut employer pour cela la disposition suivante en série :

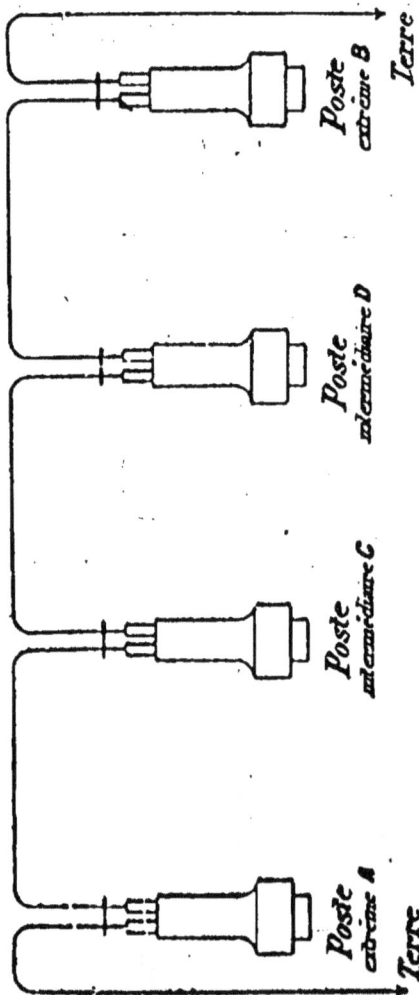

On peut employer encore la *disposition en dérivation*, qui évite de couper la ligne aux points C et D et permet de s'installer en un point quelconque ; c'est du reste le procédé employé dans les champs de tir.

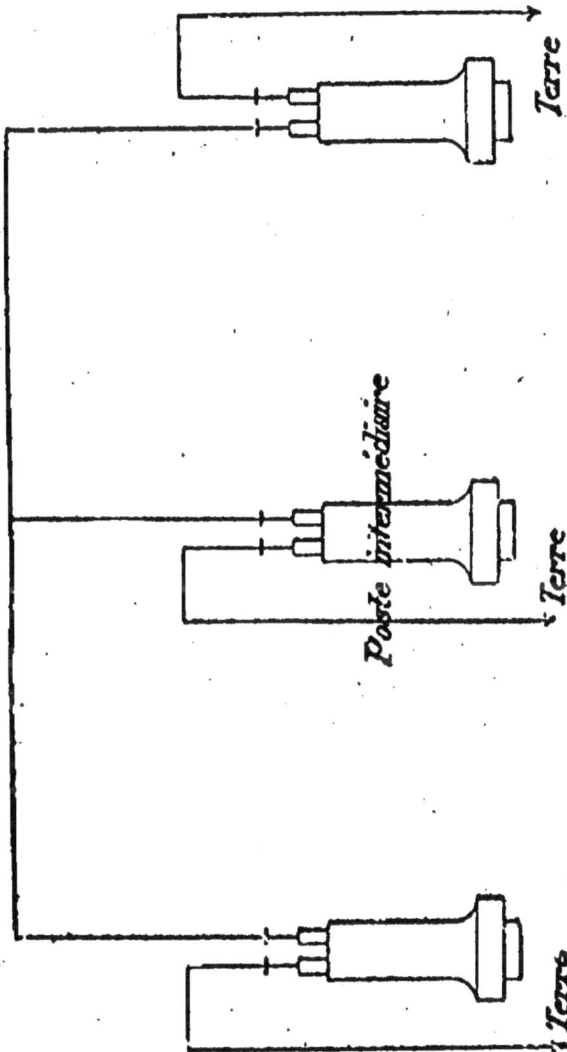

2° Postes simples. — Les postes simples peuvent être munis d'un transmetteur microphonique, d'écouteurs et

d'une sonnerie. Il faut en outre une pile pour le microphone, composée de trois éléments en tension de Lalande
et Chaperon et une pile de sonnerie composée de six à
huit éléments Leclanché. Cette dernière est destinée à
avertir les autres postes de la même ligne.

Nous donnons comme exemple l'installation d'un poste
microtéléphonique Ader.

Poste microtéléphonique Ader. — Deux postes étant
réunis par une ligne, il faut que la sonnerie de chaque
poste soit libre de fonctionner à un appel et la personne
appelée doit, en mettant ses récepteurs à l'oreille, rom-
pre la communication de la ligne avec sa sonnerie et
l'établir avec ses récepteurs. Quand la conversation est
terminée, les récepteurs sortent à leur tour du circuit et
la sonnerie y rentre.

Le commutateur automatique qui permet de réaliser
ces conditions est terminé par un crochet constituant un
levier mobile auquel on suspend l'écouteur de droite.

L'écouteur de gauche est suspendu à un crochet analogue mais non mobile. Quand l'écouteur de droite est
accroché, il abaisse par son poids le levier qui ferme
alors le circuit de la sonnerie et ouvre celui du récepteur ; lorsqu'on décroche l'écouteur, le levier bascule
sous l'action d'un ressort de rappel ; il ferme ainsi le
circuit du récepteur et ouvre celui de la sonnerie. Dans
ce but, le levier porte à son extrémité arrière une petite
plaque de cuivre isolée du corps même de la pièce et
qui, dans les mouvements de bascule, vient frotter sur
deux contacts rattachés au circuit.

Dans la figure ci-dessous, l'écouteur est supposé
accroché et le levier ferme, comme on le voit, le circuit
sonnerie. Un courant venant par la ligne du poste nº 2
suit le trait plein de la figure dans la direction des flè-

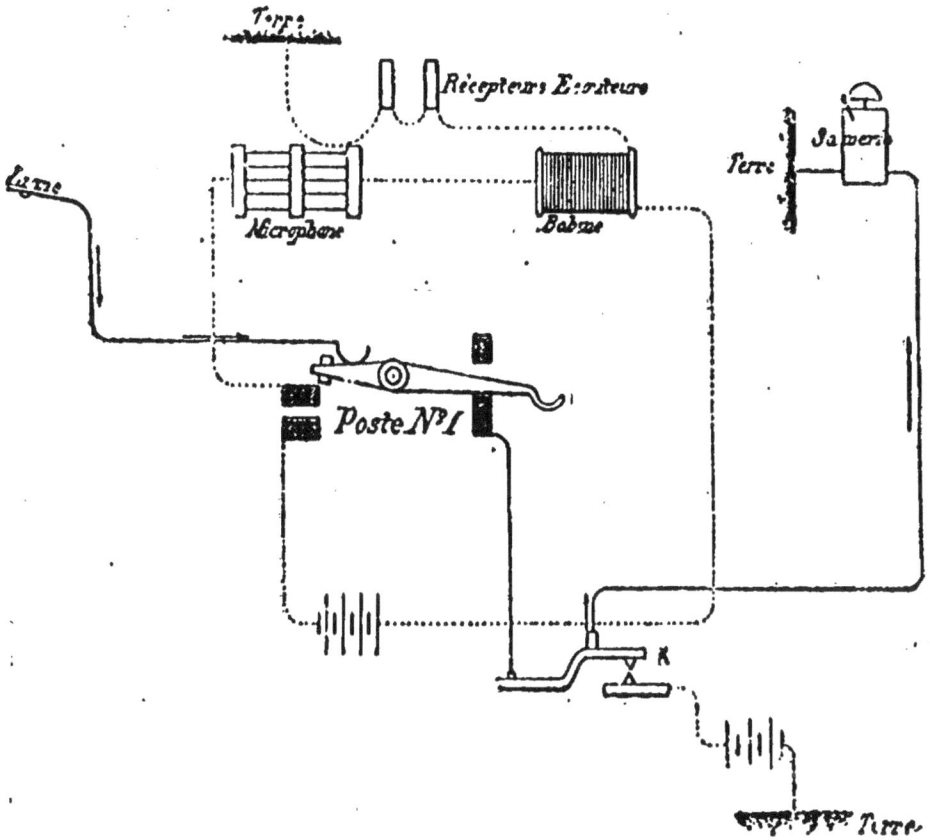

ches. La sonnerie du poste n° 1 peut donc être actionnée par un appel fait au n° 2.

Réciproquement, en appuyant sur le bouton K on ouvre dans la ligne le courant de la pile n° 1, et la sonnerie du n° 2 est mise en mouvement. En même temps la sonnerie n° 1 est placée hors circuit.

Dans la deuxième figure, l'écouteur est décroché, le levier s'est relevé et, dans ce cas, il ferme le circuit comprenant le microphone et sa pile grâce a une petite plaque de contact qu'il porte à son extrémité arrière et dont le jeu a été décrit plus haut.

Dans cette position, le microphone et ses écouteurs

communiquent avec la ligne dans laquelle passe le courant de la pile du microphone. Comme à ce moment le poste n° 2 se trouve dans la même disposition, ses écouteurs sont aussi placés dans le circuit. La conversation peut donc avoir lieu d'un poste à l'autre. Quant à la sonnerie, elle est mise hors circuit dans chaque poste.

Nous donnons dans les figures suivantes : 1° l'installation en perspective de l'appareil ; 2° un croquis complet de l'installation.

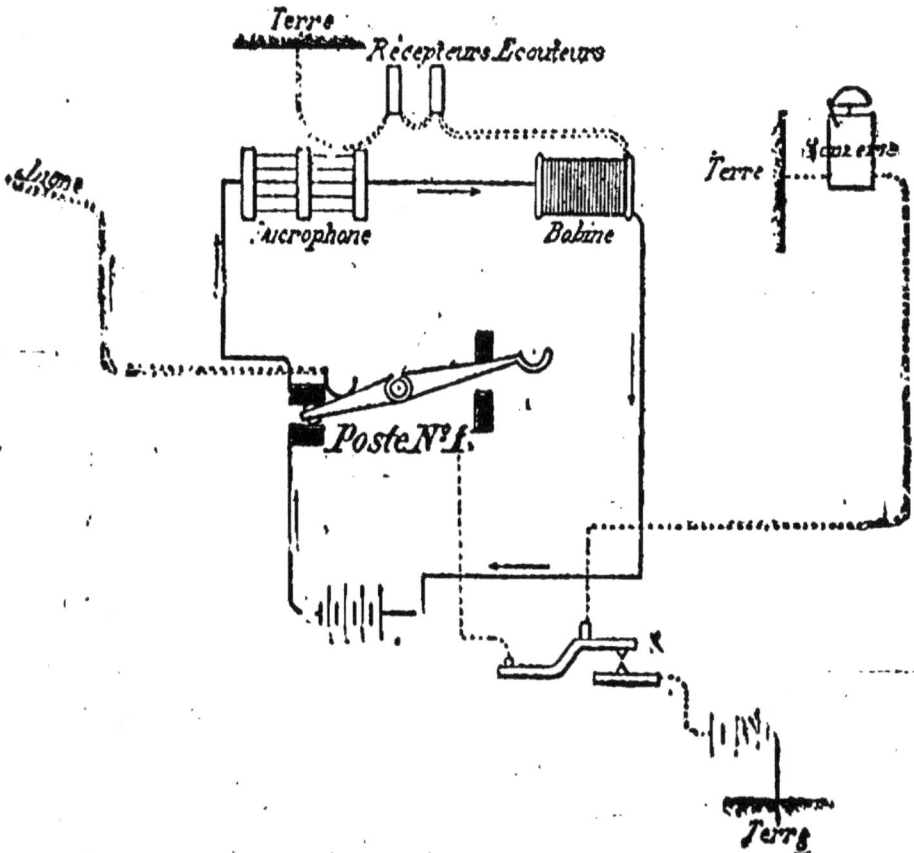

REMARQUE. — La bobine que l'on voit dans l'installation est un perfectionnement imaginé par Edison.

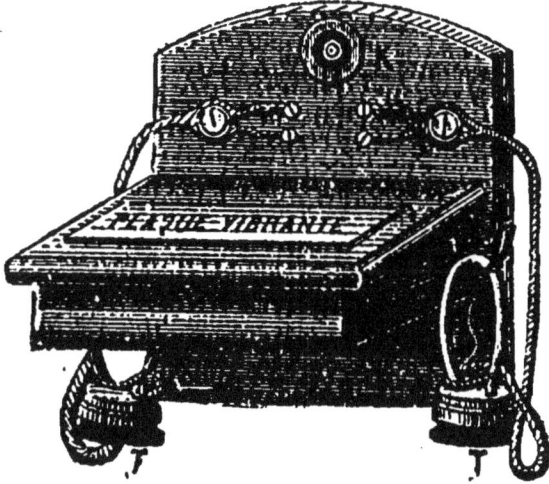

Pour des raisons que nous ne pouvons faire connaître ici, il résulte de cette disposition des courants de tensions

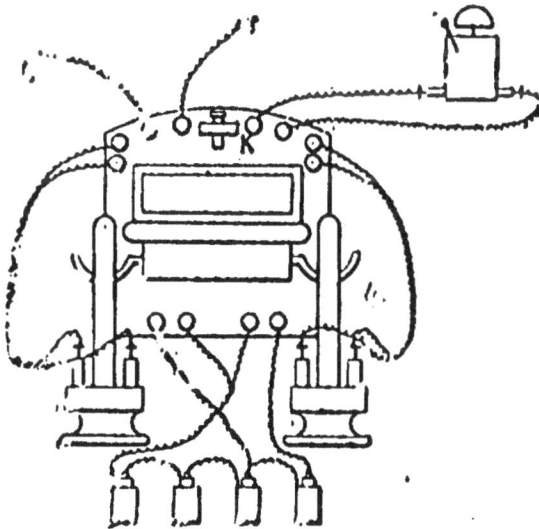

très fortes qui permettent de vaincre de grandes résistances et, par suite, de communiquer à de longues distances.

Postes centraux. — Ce sont ceux qui constituent un nœud de communications.

Ils doivent être munis d'appareils répondant aux nécessités suivantes :

a) Grouper plusieurs lignes sur un même commutateur, de façon qu'on puisse faire communiquer deux quelconques de ces lignes ;

b) Avertir un poste sur une quelconque de ces lignes et réciproquement ;

c) Transmettre et recevoir une dépêche sur une ligne quelconque ;

d) Faire communiquer deux postes situés sur deux lignes différentes ;

c) Communiquer à la fois avec tous les postes.

C'est ainsi, par exemple, que, dans un établissement d'artillerie, on pourra installer pour le bureau du directeur un poste central communiquant avec tous les bureaux des chefs de service, lesquels peuvent être reliés par des postes simples aux différents ateliers.

Ces résultats s'obtiennent au moyen de divers instruments dont nous parlerons rapidement.

Tableau annonciateur. — Il sert à indiquer sur quelle ligne est le correspondant qui a fait un appel au poste central. — Ce tableau porte autant d'annonciateurs que de lignes.

A chaque annonciateur correspond un commutateur qui permet de mettre une ligne en relation soit avec le poste central soit avec une autre ligne desservie par ce poste.

Annonciateur. — Ce dispositif comprend une fourche

à crochet D E F G pouvant basculer autour de l'axe horizontal O F de manière à relever le crochet C, qui laisse alors échapper un disque et découvre ainsi un numéro ou une lettre indiquant la ligne d'où vient l'appel au poste central.

Le mouvement de bascule est augmenté par un électro-aimant B qui attire les branches de fer D E de la fourche.

Le disque à charnière d, d'abord maintenu dans une position voisine de la verticale par le crochet C, tombe dans la position d' quand le crochet se lève sous l'action de l'aimant.

Or le disque d cache derrière lui le numéro de la ligne; en tombant, il le rend donc visible. De plus, ce disque bute dans sa nouvelle position d' contre un bouton S, et leur contact ferme un circuit local sur

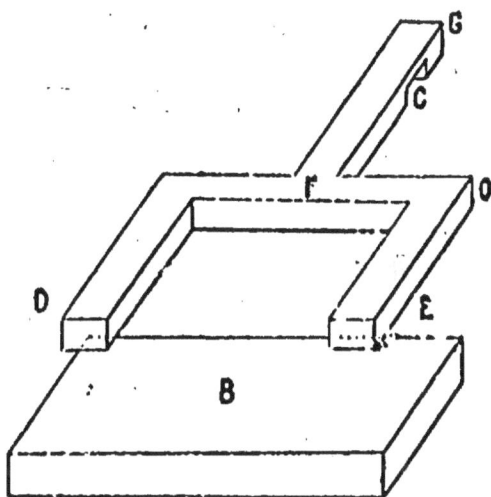

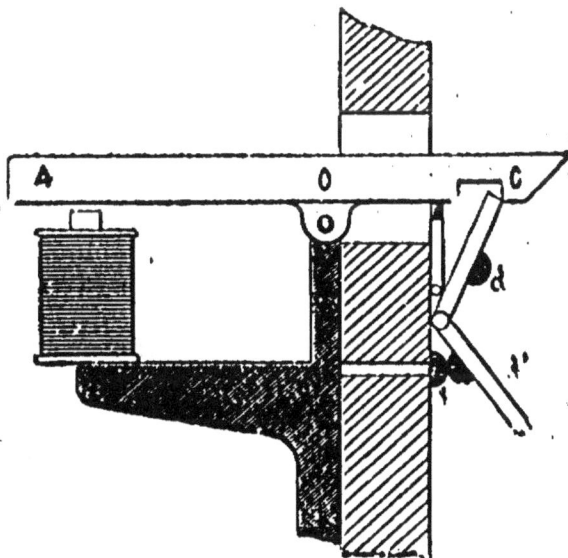

lequel est une sonnerie qui est d'ailleurs commune à un grand nombre de lignes. — La sonnerie prévient donc que d'une des lignes une communication vient d'être faite. Le disque D en tombant découvre le numéro de la ligne.

L'employé du bureau central recevra donc la dépêche ou mettra en communication, à l'aide d'un commutateur que nous n'avons pas à décrire, les deux postes qui veulent correspondre.

Propriétés particulières aux courants téléphoniques.

Il est bon de savoir que les courants qui suffisent à actionner un téléphone sont *extrêmement faibles*. Leur intensité est en moyenne 100 fois moindre que celle des courants télégraphiques. On se rend compte alors que des courants excessivement faibles produits par une cause quelconque dans le voisinage d'une ligne téléphonique suffisent à impressionner les téléphones.

Cette extrême sensibilité du téléphone est un obstacle à son emploi sur des lignes télégraphiques à plusieurs fils; car on sait que les courants qui parcourent des fils télégraphiques donnent naissance, pour une cause que nous n'expliquerons pas, à des courants dans des fils voisins. A chaque transmission télégraphique il se développerait donc dans le circuit téléphonique des courants qui iraient impressionner le téléphone inutilement.

Les faits suivants montrent jusqu'à quelles limites peut s'étendre l'influence d'un circuit sur l'autre.

La ligne téléphonique A B C du polygone de Bourges est établie parallèlement à une ligne télégraphique municipale E D.

Elle en est distante d'environ 500 mètres sauf à l'origine, où le coude B A la rapproche à 200 mètres.

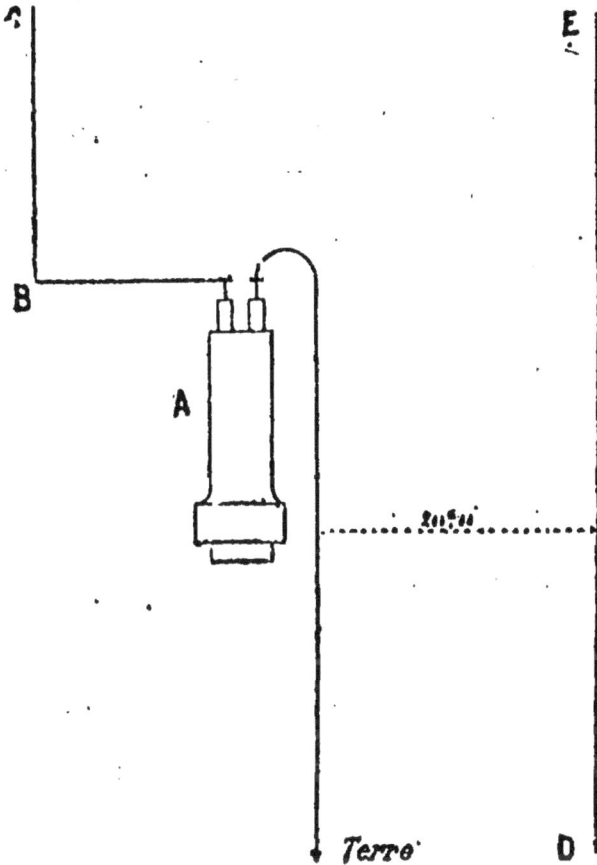

Or, à cette distance, les signaux Morse transmis sur la ligne E D sont entendus dans un téléphone placé en A.

Mais les courants telluriques (1) eux-mêmes suffisent

(1) Les courants telluriques sont les courants circulant à l'intérieur de la terre quand on se sert de celle-ci pour remplacer le fil de retour des différentes sources électriques employées dans les innombrables applications de l'électricité.

à créer des inconvénients. — Ainsi, on a pu entendre dans un téléphone à Provins le choc d'un manipulateur sur ses contacts produits à Nogent à une distance de 18 kilomètres. On a envoyé des dépêches par ce moyen. En Amérique, un procès retentissant a eu lieu à New-York entre la Société des téléphones et la Société des chemins de fer électriques, qui, pour établir des courants excessivement intenses, se servait de la terre comme fil de retour.

La Société des téléphones employant le même moyen, il en résultait dans ses instruments des perturbations considérables.

Enfin, les courants atmosphériques impressionnent les téléphones. On le constate les jours d'orage par les nombreux crépitements que fait entendre le téléphone.

Ces faits prouvent donc l'inconvénient qu'il y a à établir des circuits téléphoniques soit dans le voisinage de lignes télégraphiques aériennes, soit souterrainement dans la zone d'influence de courants électriques quelconques. Le seul moyen de remédier à ces inconvénients consiste à prendre pour les circuits téléphoniques un fil d'aller et un fil de retour isolés l'un de l'autre et à les tordre ensemble.

Ces deux fils sont encore influencés, mais les effets produits, se trouvant être de sens contraire, s'annulent.

Du reste, grâce aux progrès de la science électrique, on est arrivé, par un procédé dû à M. Van Rysselberghe, à envoyer par un même fil et en même temps des dépêches téléphoniques et des dépêches télégraphiques.

Mais, pour les services militaires, on n'a pas en général à résoudre de pareilles difficultés et l'on peut, dans la majorité des cas (champ de tir), installer un circuit téléphonique avec retour par la terre. Dans beaucoup d'installations, on s'est même servi des lignes télégraphiques en employant des commutateurs qui peuvent faire communiquer la ligne *séparément* soit avec des appareils télégraphiques, soit avec des téléphones. On y trouve un avantage, car, si l'on ne possède pas un employé sachant manipuler le télégraphe Morse, il saura toujours parler dans un téléphone et y écouter.

Pour mieux faire comprendre, nous donnerons comme exemple l'installation téléphonique et télégraphique établie entre l'école d'artillerie de Tarbes et le polygone de Ger.

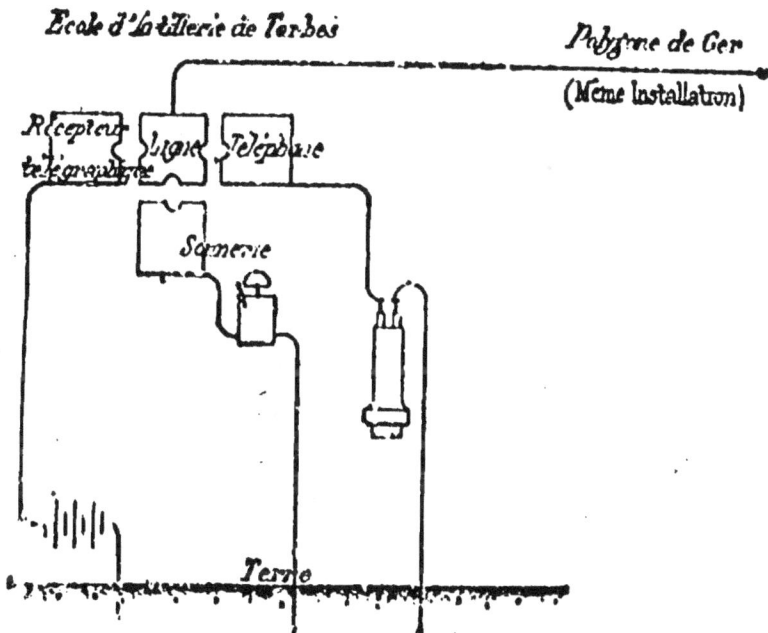

Au repos, la cheville du manipulateur est sur sonnerie. Si l'école veut communiquer elle envoie le courant de la pile du télégraphe. Ce courant actionne la sonnerie de Ger. Si alors on convient d'un signal pour demander soit la communication télégraphique, soit la communication téléphonique, le poste de Ger pourra, avec une cheville, établir la communication demandée.

Matériel de ligne.

Lignes souterraines. — Les lignes souterraines sont construites au moyen de câbles contenant un ou plusieurs fils de cuivre isolés par leur enveloppe et qu'on entoure de tuyaux de plomb ou de fonte. Un bon isolement est de la plus haute importance, ce qui rend les lignes souterraines difficiles à construire et à entretenir en bon état. Elles sont très coûteuses et ne doivent être établies qu'en cas de nécessité absolue.

Lignes aériennes. — Les lignes aériennes volantes ou de très faibles parcours peuvent être construites au moyen de câbles isolés qu'on attache aux supports de toute nature qu'on peut trouver sur leur trajet.

En général, les lignes permanentes sont établies au moyen de fils de fer galvanisé de 2, 3 ou 4 millimètres de diamètre fixés à des isolateurs par des poteaux.

Ces isolateurs sont en ébonite, à simple cloche, portant sur la tête une gorge destinée à recevoir le fil nu ou le câble; le point d'entrée et le point de sortie du fil sur la gorge doivent être dans le prolongement de la direction générale de la ligne.

L'isolateur est vissé soit sur une tige qui l'attache à quelques centimètres du poteau, soit sur une tige en V ou recourbée lorsqu'il s'agit de fixer l'isolateur sur un support existant avant la ligne.

Réparation d'un câble. — Lorsqu'un câble est rompu ou à bout de rouleau on le joint par une épissure au câble suivant. On recouvre le joint par une première bandelette goudronnée puis par une seconde en caoutchouc.

Réparation d'un fil nu. — Quand il s'agit de raccorder deux bouts de fil nu, on peut se servir d'un des trois procédés suivants :

1° *Joint ordinaire.*

2° *Joint américain.*

3° *Joint à manchon.* — Un manchon *m* de fer galvanisé laisse passer les extrémités des deux fils à raccorder, qu'on replie en dehors du manchon. On coule ensuite dans ce dernier quelques gouttes de soudure qui établissent un contact et une continuité parfaite entre les deux fils.

Pose du fil. — Le fil conducteur d'une ligne doit être très fortement tendu avant d'être placé sur ses supports. On se sert de moufles accrochées à des serre-fils.

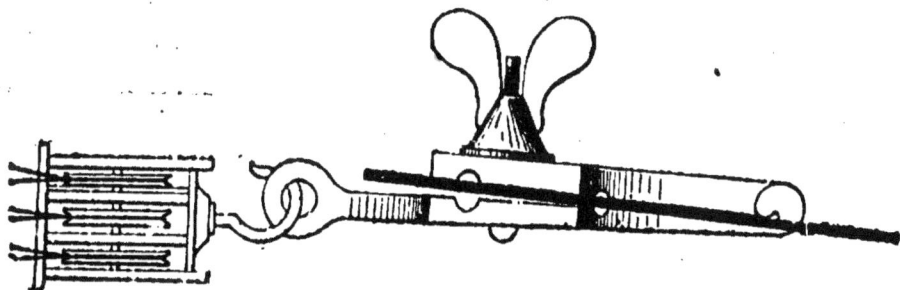

Dérivation d'une ligne. — On peut se proposer d'établir un poste en un point A d'une ligne de manière à communiquer avec ses deux extrémités sans en modifier le réglage. On coupe alors le fil en A après avoir saisi les deux points voisins avec les mâchoires d'un commutateur de ligne.

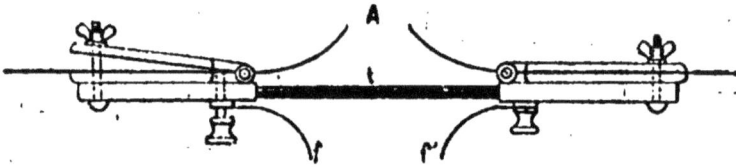

Les deux fils f et f' sont amenés au poste nouveau. La tige de fer t, qui relie les deux mâchoires, est noyée à ses extrémités dans des blocs d'ébonite qui isolent, par conséquent, les deux fils ff' l'un de l'autre.

Fil de retour. — Il arrive souvent que, sur les réseaux provisoires, la communication de la ligne avec la terre est assez imparfaite. Parfois, la nature du terrain rend difficile la fermeture du courant par la terre. Le terrain sablonneux et sec de Fontainebleau en est un exemple. Dans ce cas, il est bon d'installer un fil de retour qui permettra une circulation plus facile du courant. Ce fil de retour est presque toujours indispensable quand il s'agit d'une ligne téléphonique voisine d'une autre ligne.

NOTIONS D'OPTIQUE

Réflexion.

Un rayon lumineux rencontrant une surface polie se réfléchit d'après les deux lois suivantes :

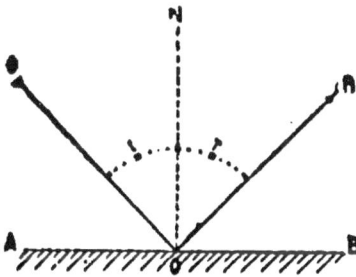

1° le rayon incident IO et le rayon réfléchi OR sont dans un même plan perpendiculaire à la surface réfléchissante AB.

2° L'angle de réflexion est égal à l'angle d'incidence $i = r$.

La normale est la perpendiculaire ON à la surface AB au point d'incidence O. Elle est bissectrice de l'angle IOR.

S'il s'agit d'une surface courbe AB, les mêmes lois subsistent : l'élément superficiel O où frappe le rayon lumineux peut être considéré comme se confondant avec le plan tangent en ce point.

REMARQUE. — La surface courbe peut être concave, comme AB, ou convexe, comme $A_1 B_1$.

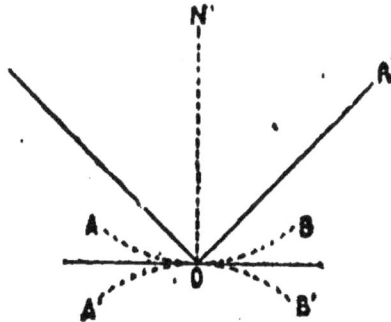

Miroirs plans. — Soit A B un miroir plan et OI un
des rayons émis par un
objet lumineux. Il se ré-
fléchira suivant O R, et
l'œil d'un observateur
placé sur ce trajet éprou-
vera la même sensation
que si l'objet se trouvait
derrière le miroir au
point I' symétrique de I.
C'est ce qu'on appelle une image virtuelle.

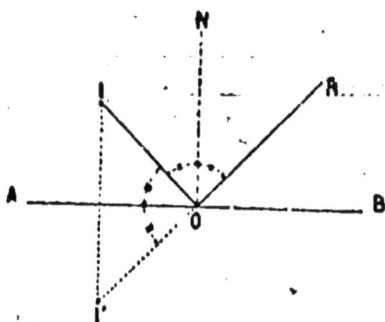

Miroirs concaves. — Ils sont formés d'une portion
de sphère polie à l'intérieur. Le centre C est le centre du
miroir ou centre de
courbure ; O le som-
met ; la droite O C
passant par le som-
met et le centre du
miroir est l'axe prin-
cipal P P du miroir.

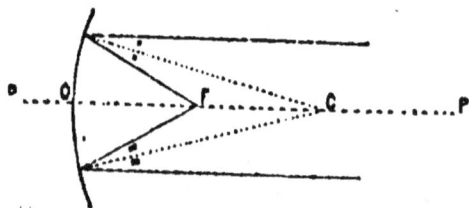

Nous admettrons comme exact le fait suivant : tous les
rayons parallèles à l'axe principal du miroir concourent,
après réflexion, en un même point F appelé foyer principal du miroir, ce foyer étant situé au milieu du rayon O C.

Réciproquement, tout rayon émis du foyer principal
se réfléchit parallèlement à l'axe principal.

Foyers conjugués. — Supposons un point lumineux P
situé sur l'axe principal en dehors de la distance focale
O F. Tous les rayons incidents qui frappent le miroir
viennent se rencontrer à la suite de leur réflexion en
un même point P' également situé sur l'axe. — Ce point
P' est appelé foyer conjugué du point P.

On peut voir aisément, d'après ces deux figures, que

plus le point P est éloigné de la distance focale, plus
son conjugué P'
se rapproche du
foyer principal F
et réciproque-
ment; car les an-
gles formés avec
la normale C I sont
plus grands ou
plus petits.

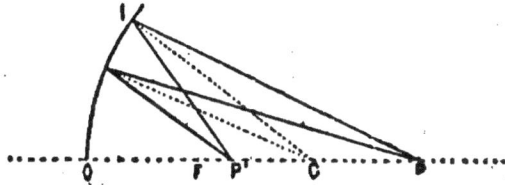

Quand le point
lumineux est pla-
cé directement au
centre du miroir,
tout rayon émis
de ce point se con-
fond avec la normale et, par suite, est ramené par la
réflexion à son point de départ.

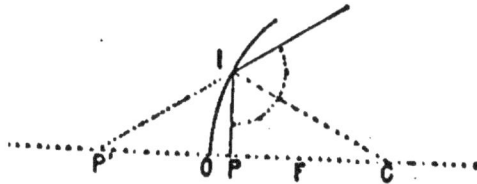

Si le point P est compris entre le point F et le sommet
O, les rayons réfléchis ne se rencontrent plus effective-
ment; leurs prolongements seuls, si on les effectuait,
iraient se couper sur l'axe principal derrière le miroir,
en P', qui est appelé le foyer conjugué virtuel du
point P.

Axe secondaire. — Remarquons que l'axe principal
n'est autre chose que le diamètre du miroir passant par
le sommet O. — Tout autre diamètre s'appelle *axe secondaire* et jouit des mêmes propriétés que l'axe principal. Donc, tout point lumineux situé sur cet axe secondaire aura un foyer conjugué soumis aux règles indiquées
précédemment.

Formation des images. — Pour trouver la droite $A_1 B_1$,

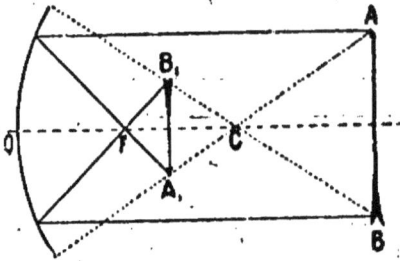

Image réelle plus petite et renversée.

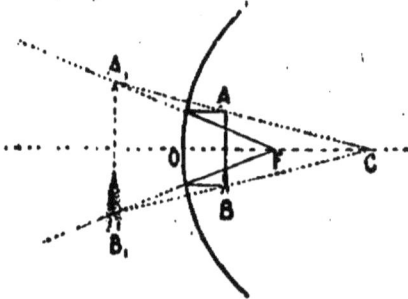

Image virtuelle plus grande et droite.

image d'une droite A B, il suffit de chercher les points conjugués A_1 de A et B_1 de B, en se rappelant que ces points doivent se trouver sur les axes secondaires passant par A et B. Il est commode, pour les déterminer, de considérer pour cela les rayons lumineux partant de A et de B et parallèles à l'axe principal du miroir.

L'image grandit à mesure que l'objet se rapproche du foyer.

La deuxième figure montre que, si l'objet est placé dans la distance focale O F, l'image est virtuelle et plus grande que l'objet.

Miroirs convexes. — On peut répéter pour ceux-ci tout ce que nous venons de dire des miroirs concaves; seulement, les rayons parallèles à l'axe divergent pour se rencontrer par leurs prolongements en un point situé derrière le miroir à égale distance du centre et de la surface réfléchissante.

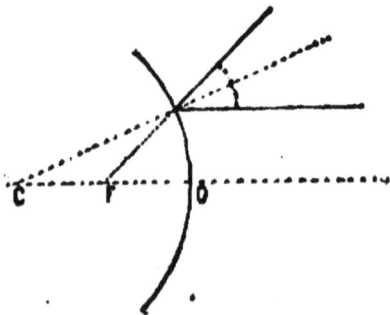

Le point F est le foyer principal virtuel du miroir.

Formation des images..
— Même méthode que
précédemment.

L'image formée est
droite, virtuelle et plus
petite que l'objet. A me-
sure que l'objet se rap-
proche, l'image s'agran-
dit et prend une position
plus voisine du miroir.

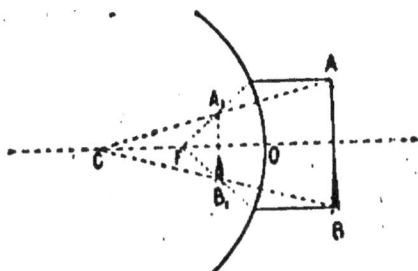

Image virtuelle plus petite et droite.

Usage des miroirs. — Les miroirs convexes ne donnant que des images virtuelles sont peu employés, excepté
dans quelques appareils de physique. Les boules de verre
étamé, dites boules panorama, que l'on suspend quelquefois aux fenêtres, dans les volières, etc., etc., se com-
portent comme des miroirs sphériques convexes et
donnent des images virtuelles plus petites que les objets.
Mais, comme le rayon de courbure est en général assez
petit, elles déforment beaucoup les images.

Les miroirs concaves ont de nombreuses applications.
Dirigés vers le soleil, ils concentrent en leur foyer, dans
une image très petite, la chaleur qui tombe sur leur surface. Quand celle-ci est grande, on peut obtenir des
phénomènes calorifiques considérables (*miroirs ardents*).

Ils sont employés comme réflecteurs pour augmenter
la portée des lumières ; pour cela, on place ces dernières
en leur foyer, et tous les rayons lumineux sont réfléchis
parallèlement à l'axe principal en formant un cylindre de
lumière très intense. Autrefois, ils étaient employés
comme réflecteurs dans les phares ; depuis Fresnel, on
les y a remplacés par des lentilles. Ils peuvent servir
aussi comme miroirs grossissants, tels sont les miroirs
connus sous le nom de *miroirs à barbe.*

Réfraction.

Lorsqu'un rayon lumineux passe d'un milieu moins dense dans un milieu plus dense, il dévie et tend à se rapprocher de la normale ; réciproquement, lorsqu'il pénètre dans un milieu moins dense, il s'éloigne de la normale, sauf le cas où il est perpendiculaire à la surface de séparation des deux milieux. Dans le cas particulier où un rayon IR traverse une lame de verre à faces parallèles, le rayon émergent I'R' est parallèle au rayon incident, car les deux réfractions produisent des effets inverses qui se détruisent.

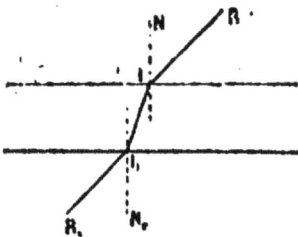

Lentilles. — On appelle lentilles les corps réfringents limités par des surfaces sphériques. Elles sont classées en deux grandes catégories suivant les effets optiques auxquels elles donnent lieu. La première catégorie comprend toutes les lentilles qui provoquent la convergence des rayons, d'où leur nom de *lentilles convergentes*. Les lentilles de la seconde catégorie font diverger les rayons: on les appelle *lentilles divergentes*.

LENTILLES CONVERGENTES. — Il y en a trois sortes :

1° Lentilles bi-convexes ;

2°   —   plan-convexe ;

3° Ménisque convergent ou lentille concavo-convexe.

Lentilles bi-convexes. — On nomme axe principal la droite qui joint les centres des deux sphères qui limitent cette lentille : c'est CC'.

La normale est un point quelconque, I est le rayon de la sphère aboutissant en ce point, CI.

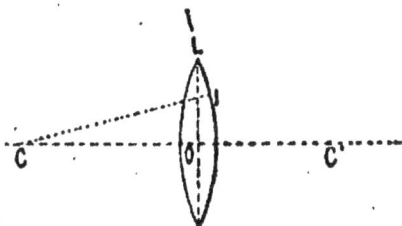

Le centre optique O est l'intersection de l'axe principal et de la corde LL' qui sous-tend les deux arcs de la lentille.

Foyer principal. — Prenons un rayon RI parallèle à l'axe principal ; il arrive en I, se rapproche de la normale, suit alors le chemin II', s'éloigne, arrivé en I' de la normale et vient finalement couper l'axe en un point F appelé foyer principal. Le foyer principal est donc le point de l'axe principal où convergent les rayons parallèles à l'axe.

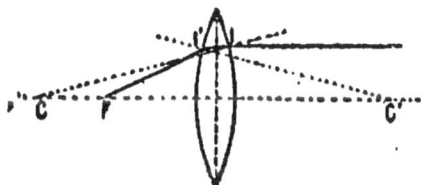

Réciproquement, tous les rayons émis du foyer principal se réfractent parallèlement à l'axe principal.

Remarque. — Il est évident qu'il y a deux foyers principaux, l'un à droite, l'autre à gauche de la lentille, et qui sont respectivement les points de concours des rayons réfractés correspondant aux rayons lumineux parallèles à l'axe principal, venant de gauche ou de droite.

Foyers conjugués. — Les rayons provenant d'un même point P, pris en dehors de la distance focale et situé sur l'axe principale se rencontrent tous après réflexion en un autre point P', situé sur l'axe. Ces deux points P et P' sont des foyers conjugués réels.

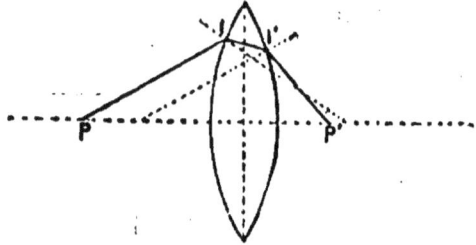

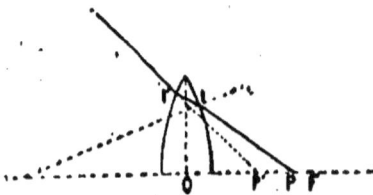

Si les rayons émanent d'un point P pris dans la distance focale, les rayons émergents divergent et leur foyer conjugué est situé en P', du même côté que le point de départ du rayon.

Quand un rayon passe par le centre optique de la lentille, il émerge parallèlement à son incidence (l'angle RIS est égal à l'angle R'IS') et, si l'épaisseur de la lentille n'est pas grande, les deux rayons peuvent être considérés comme situés sur le prolongement l'un de l'autre.

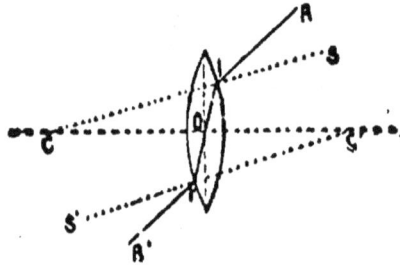

Formation des images. — Soit un objet AB en dehors de la distance focale. L'image de A se forme à l'intersection de l'axe secondaire mené du point A et du rayon parallèle AR qui, après réfraction, passe par le foyer principal F. On détermine de la

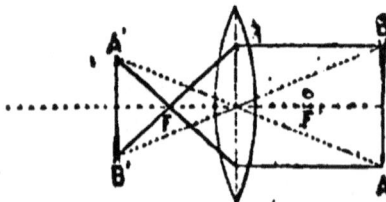

même façon le point B. L'image est renversée. A mesure que l'objet se rapproche de la lentille, l'image grandit.

Supposons que l'objet soit placé dans la distance focale ; l'axe secondaire ne rencontrera plus le rayon RF de l'autre côté de la lentille ; mais, si au point F se place l'œil d'un observateur, ce dernier verra l'image virtuelle de l'objet AB droite et agrandie à l'intersection des axes secondaires et des rayons réfractés prolongés.

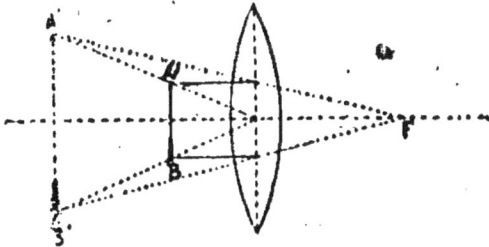

LENTILLES DIVERGENTES. — Elles ne donnent que des rayons divergents et par suite des images virtuelles. Elles se divisent en lentilles bi-concaves, lentilles plan-concaves, lentilles concaves-convexes.

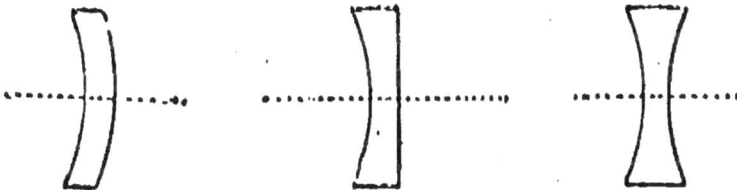

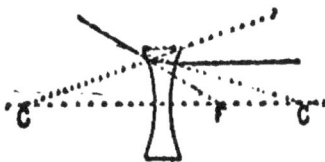

Lentilles bi-concaves.　　Lentilles plan-concaves.　　Lentilles concaves-convexes.

Lentilles bi-concaves.— Quand des rayons parallèles à l'axe principal frappent une lentille bi-concave, ils divergent et s'écartent comme s'ils partaient d'un même point F situé du côté de la lentille où arrivent ces rayons. Ce point, foyer principal de la lentille, est toujours virtuel.

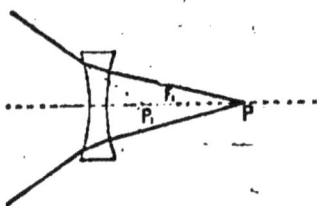

Foyers conjugués et forma-tion des images. — Ils se déter-minent comme dans les lentilles bi-convexes.

La première figure montre que le foyer conjugué d'un point situé sur l'axe principal est un foyer virtuel.

La deuxième montre que les images des objets situés en dehors de la distance fo-cale sont également virtuel-les, droites et plus petites que l'objet.

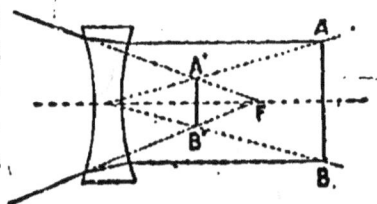

LENTILLES ACHROMATIQUES. — On sait que la lumière blanche ou naturelle traversant un prisme se décompose en donnant un faisceau de sept couleurs : rouge, orangé, jaune, vert, bleu, indigo, violet. Cette décomposition s'opère parce que ces couleurs sont inégale-ment réfrangibles. Il en est de même lorsque la lumière traverse une lentille : les rayons des différentes couleurs vont concourir à des foyers différents. Afin de corriger ce défaut, on a recours à deux lentilles, l'une bi-convexe en crown enchâssée dans une lentille plan-concave en flint. On obtient alors des images nettes, l'une des lentilles reconstituant la lumière blanche décomposée par l'autre.

TÉLÉGRAPHIE OPTIQUE

Principe.

On envoie un faisceau lumineux qu'on peut intercepter avec un écran de manière à produire des combinaisons de feux longs, de feux courts et d'intervalles. On arrive ainsi à former des lettres dans lesquelles les feux longs correspondent à des traits de l'alphabets Morse, les feux courts à des points et les obturations à des intervalles.

Les signaux lancés par un poste A sont recueillis par un poste B dans une lunette orientée sur A.

Les avantages de ce système sont de n'avoir pas à construire de lignes et de pouvoir correspondre entre deux points quelconques pourvu qu'ils se voient.

En revanche, les inconvénients sont assez nombreux :

1° La possibilité des communications, la portée du faisceau dépendent de l'état de l'atmosphère ;

2° Les dépêches ne laissent point de trace écrite ;

3° L'orientation des appareils est difficile pour les longues portées.

Malgré ces défauts, la télégraphie optique rend de grands services dans les pays où n'existe pas la télégraphie électrique (manœuvres dans les Alpes). Elle en rendrait de même dans les forteresses et dans les forts en cas d'investissement, aussi bien qu'en rase campagne si l'on veut en faire usage dans des conditions favorables.

Les appareils employés se divisent en deux classes: 1° les appareils à lentilles ; 2° les appareils télescopiques.

Appareils à lentilles.

Divers types ont été construits ; les uns, portatifs, sont destinés au service en campagne ; les autres, plus puissants et plus lourds, sont destinés aux communications entre des points très éloignés.

Ces appareils sont de plusieurs calibres. Chacun d'eux a été désigné par le diamètre de son objectif exprimé en centimètres.

Appareils de campagne	de 10	
— —	de 14	
— —	de 24	
— —	de 30	
Appareils de forteresse	de 10	} non démontables.
— —	de 50	
Appareils de position	de 50	} démontables.
— —	de 60	

Description. — L'appareil est formé d'une len'ille enchâssée dans la paroi antérieure d'une boîte en tôle. Cette boîte est divisée en deux compartiments *m*, *n*, par une cloison AB.

L'axe principal de la lentille passe par le centre de deux ouvertures pratiquées l'une dans la paroi postérieure en O O, l'autre dans la cloison AB en O'O'. Cette dernière ouverture, destinée à laisser passer le jet de lumière, est masquée par un obturateur *r*, maintenu au repos par un ressort à boudin attenant à la cloison AB et commandé par une pédale extérieure.

Dans le compartiment M est placée la lampe F à une distance FL qui est fixe (F est le foyer de la lentille L).

Le tirage de la lampe est assuré par une ouverture

située à la partie supérieure de l'appareil et par des trous percés dans la paroi inférieure.

Une petite fenêtre a été ménagée sur le côté gauche de l'appareil pour permettre d'apercevoir la source lumineuse.

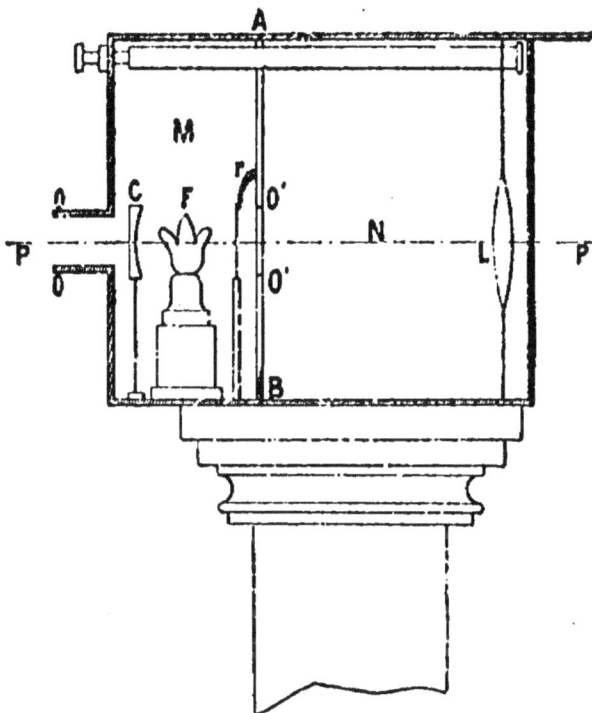

La lentille est protégée par une plaque en tôle qui couvre toute la surface de la paroi antérieure de l'appareil. Cette plaque, mobile sur une charnière, est relevée suivant le besoin et maintenue dans la position horizontale par deux tiges métalliques.

Lunette de réception. — Elle est placée à la partie supérieure de l'appareil. Son objectif est formé d'une lentille achromatique O, fixée à l'extrémité d'un tube en laiton à l'autre extrémité duquel glisse un tube porte-

oculaire et un oculaire contenant quatre lentilles L l l' O'.
A la partie postérieure de l'oculaire est placé un œille-
ton noir pour fixer la position de l'œil.

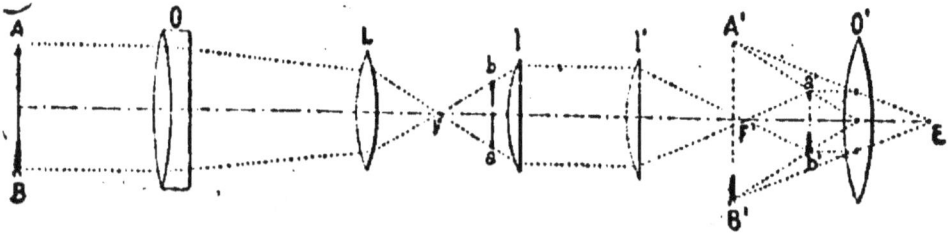

La mise au point s'opère en tirant d'abord complètement le porte-oculaire et en manœuvrant l'oculaire dou-
cement, de manière à avoir une vision très nette de l'objet
cherché A B. Cet objet étant toujours à une grande distance, on peut considérer les rayons lumineux comme
arrivant sur la lentille O parallèlement à l'axe principal.
Ces rayons rencontrent la deuxième lentille L qui les
réfracte à nouveau, rapprochant ainsi de l'objectif le
foyer principal F où se forme une image réelle renversée
a b. Le point F étant le foyer principal de la lentille l, les
rayons partis de ce point sont réfractés parallèlement à
l'axe principal sans donner lieu à la reproduction de
l'image avant la rencontre de la lentille l' ; celle-ci
réfracte les rayons à son foyer F', où se forme l'image
réelle et droite a' b'. Le point F' se trouvant dans le plan
focal de la lentille O', cette lentille joue le rôle de loupe.
Si donc au point E se trouve placé l'œil d'un observateur,
ce dernier apercevra l'image virtuelle A'B' de a' b'
agrandie et droite.

La lunette sert de chercheur pour se mettre en relation avec le poste correspondant, puis de récepteur lorsqu'on a trouvé ce dernier:

Il faut, pour bien communiquer, que le poste correspondant se trouve à la fois sur l'axe optique du récepteur et sur celui de l'appareil d'émission. Donc il faut
que ces deux axes soient parallèles.

Réglage. — A cet effet, on procède à un réglage préalable de l'instrument, qui consiste :

1° A rendre parallèles l'axe optique de la lunette et les
rayons lumineux émis par l'appareil ;

2° A placer le centre de la flamme sur l'axe du transmetteur ;

3° A placer le miroir C de manière que le faisceau
qu'il réfléchit se confonde avec le faisceau incident.

Pour y arriver, on se sert de deux oculaires dits de
réglage qui sont contenus dans une boîte à accessoires.

Oculaire de réglage. — 1° Un tube de cuivre renferme
deux lentilles plan-convexe,
l et *l'*, et un verre dépoli sur
lequel sont tracés deux diamètres qui se coupent perpendiculairement au cen-
tre C. Ce point C est le foyer de la lentille *l*.

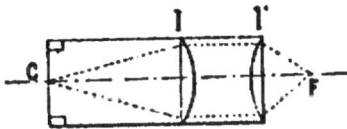

2° Il existe un autre oculaire de réglage qui est le com-
plément du précé-
dent ; il est des-
tiné à remplacer
le tirage conte-
nant le verre dé-
poli. Il est formé de deux lentilles *a b*, l'une bi-convexe,
l'autre plan-convexe séparées par un écran percé d'une
d'une petite ouverture circulaire O garnie d'un réticule.

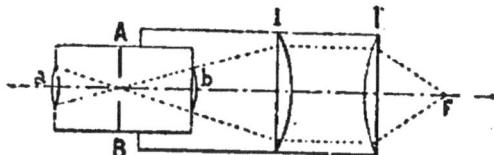

Ce deuxième oculaire sert à remplacer le précédent les jours où, le temps étant sombre, on ne pourrait apercevoir aucune image sur le verre dépoli.

Opérations du réglage du parallélisme des axes optiques. — On démasque l'ouverture OO'. On introduit l'oculaire à verre dépoli dans une douille que porte l'ouverture OO. Cet oculaire est constitué de telle façon que lorsqu'il est poussé à fond, le point F soit le foyer commun des lentilles *l'* et L. Puis on choisit à l'horizon, à 1,500 ou 2,000 mètres, un objet éclairé et l'on amène son image au centre C du verre dépoli.

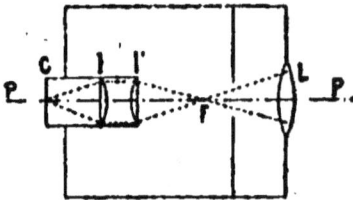

Tout rayon émis par cet objet sur la lentille L, parallèment à son axe principal PP, passera sur le foyer F. Par contre, F étant aussi le foyer de la lentille, *l'* le rayon sera réfracté par celle-ci parallèlement à PP, traversera la lentille *l* et ira rejoindre le foyer de cette dernière en C.

L'image étant obtenue au centre du verre dépoli, on pointe la lunette jusqu'à ce que l'objet choisi apparaisse également au centre du champ de réception.

Pour déplacer la lunette, on agit au moyen d'une clef, sur deux vis qui commandent deux tiroirs métalliques mobiles, l'un dans le sens vertical, l'autre dans le sens horizontal. Les deux axes optiques sont alors parallèles.

Réglage de la source lumineuse (lumière de lampe). — Tous les rayons émis par l'appareil doivent être projetés dans l'espace parallèlement à l'axe principal PP de manière à former un faisceau cylindrique. Ces rayons doivent donc partir du foyer F. Pour cela on place la lampe dans la boîte et l'on introduit l'oculaire à verre dépoli dont nous avons déjà parlé.

La lampe étant placée au point F, qui est le foyer commun de la lentille L et de l', son image se formera au centre du verre dépoli. On déplacera alors la lampe à droite et à gauche, à l'aide d'une vis spéciale, jusqu'à ce que l'image apparaisse nettement dessinée. L'oculaire à verre dépoli étant enlevé et l'ouverture OO masquée, on place le petit miroir C et l'on découvre O'O'. Si l'on regarde à ce moment au travers de L, on aperçoit deux flammes : la flamme elle-même est une image renversée donnée par le miroir. On fait alors tourner celui-ci dans sa douille jusqu'à ce que les deux images soient superposées, ce qui indique que la flamme se trouve au centre du miroir.

Les rayons émis du point F sur le miroir sont renvoyés à leur point de départ (puisqu'ils viennent du centre) et renforcent la flamme.

Le foyer lumineux ne doit former en quelque sorte qu'un seul point. On a donc avantage à restreindre la hauteur de la flamme, qui ne doit pas dépasser 2 à 3 centimètre.

Emission. — Réception. — Un poste comprend deux télégraphistes. L'appareil étant en station, pour transmettre une dépêche, un des télégraphiste agit sur le manipulateur comme pour transmettre avec l'appareil Morse et, en même temps, il observe le poste correspondant dans la lunette. Le second télégraphiste dicte la dépêche. Pour recevoir, un des télégraphistes observe l'autre poste à la lunette, ou à l'œil nu si c'est possible, et dicte à son camarade les signaux qu'il reçoit.

En raison de la fatigue qu'impose le service à la lunette les deux télégraphistes doivent alterner.

Détails sur le manipulateur. — Ce manipulateur M *a* porte à son extrémité un écran métallique circulaire, C, qui s'interpose entre la flamme et la lentille d'émission lorsque *pe* est horizontal. En appuyant sur la pédale *p*, on relève l'écran et l'on émet un rayon. Un verrou, V, permet de maintenir C relevé et de faire feu fixe quand il en est besoin.

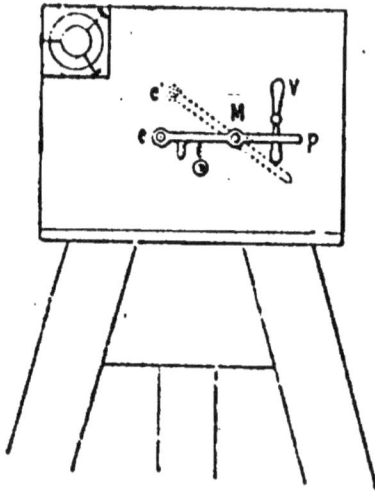

Règles de service. — Le poste qui veut transmettre fait le signal d'appel (— - — - — - — - — -) jusqu'à ce que son correspondant réponde par le signal (- — - - - —) (invitation à transmettre). La transmission commence alors. Après chaque lettre, le télégraphiste qui reçoit envoie un éclat lumineux pour indiquer qu'il a bien lu. Dans le cas contraire, il s'abstient, et son correspondant répète le signal mal compris. Quand les transmissions sont terminées, les correspondants prennent la position de feu fixe.

Mise en station. — Choisir un emplacement d'où il soit facile de découvrir le terrain dans la direction du poste correspondant. En général, on préférera les points culminants.

Avoir soin de laisser derrière soi un fond aussi obscur que possible afin d'être facilement découvert par le poste opposé et de lui permettre de mieux apercevoir les signaux.

Chaque poste vérifie le réglage de son appareil; dispose

l'écran de manière à faire feu fixe, oriente l'axe optique de la lunette d'après la position du poste opposé sur la carte et cherche ce dernier avec la lunette.

Emploi de la lumière solaire. — Pendant le jour, avec des lampes, la portée de l'appareil est faible ; il vaut mieux, toutes les fois qu'on le peut, employer la lumière solaire.

A cet effet, on enlève la lampe et l'on enfonce dans la douille O O un tube K se terminant en F par un écran circulaire percé d'un trou central qui vient se placer au foyer de la lentille d'émission L. Une lentille u fait converger au centre de F les rayons solaires réfléchis par les mirois M et M'.

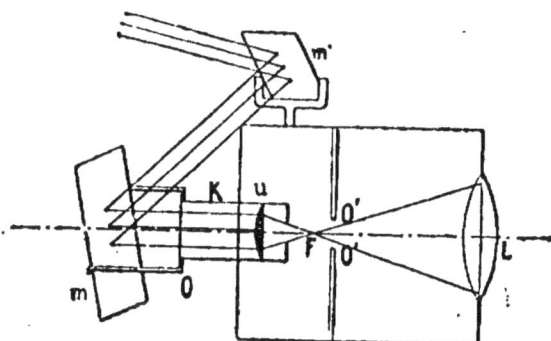

Remarque. — Mais on sait que le soleil semble décrire d'un mouvement apparent un tour complet autour de la terre en 24 heures. Il faudra donc, toutes les 3 minutes environ, déplacer les miroirs M et M', car les rayons éclairés n'arriveront plus dans la même direction. Pour éviter ce déplacement, on se sert d'un héliostat.

Héliostat. — Il se compose de deux miroirs M et M' et d'un mouvement d'horlogerie H. Les centres des miroirs sont sur l'axe géométrique du mouvement H. L'axe A porte le miroir M et fait un tour en 24 heures ; il est monté sur une réglette articulée RR'. Pour régler cet appareil, on amène, à l'aide d'une boussole, la règle

RR' dans le méridien du lieu où l'on se trouve ; puis, à l'aide de l'articulation C D, on fait prendre à l'axe a un angle aRR' égal à la latitude du lieu. L'axe a est alors parallèle à l'axe de la terre (1), autour duquel semble tourner le soleil. Le mouvement d'horlogerie suivant le

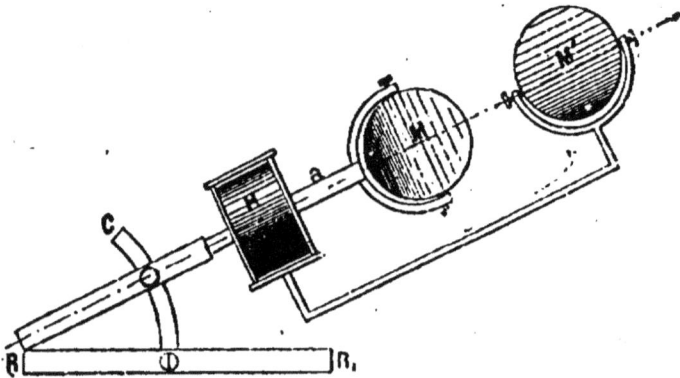

---

(1) Le soleil semble, pour les gens qui se trouvent sur la terre, tourner autour de la ligne des pôles ou axe terrestre et l'on peut

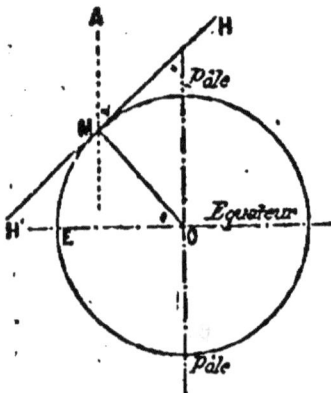

admettre sans erreur sensible que, pour un point quelconque de la terre, le soleil tourne de 360° autour de cet axe. Etant donné un lieu M sur la terre, la *verticale* de ce lieu est le rayon OM et sa *latitude* est l'angle MOE. L'horizon du point M est la tangente MM' au point M, et nous voyons que l'angle que fait cet horizon avec la ligne des pôles est justement égal à la lutitude du point M, car $\widehat{MOE} = \widehat{MHO}$, On voit donc que, si au point M on mène une droite faisant avec HH' (horizontale) un angle égal à la latitude du point M, celte droite MA sera parallèle à l'axe de la terre.

mouvement apparent du soleil, les rayons réfléchis dans les miroirs seront toujours envoyés sous le même angle.

Appareils télescopiques.

Principe. — Un miroir M N est disposé au fond d'une boîte de telle sorte qu'un faisceau lumineux issu de son foyer F se réfléchisse suivant un faisceau de rayons parallèles à l'axe de l'instrument qu'on dirige alors sur le point qu'on veut éclairer.

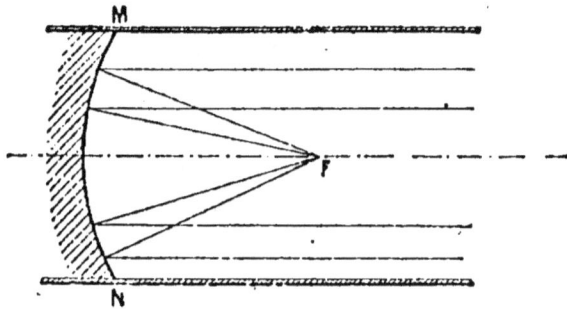

Les appareils télescopiques sont employés soit pour envoyer des dépêches, comme avec l'appareil à lentilles, soit comme projecteurs pour éclairer puissamment un point que l'on veut apercevoir nettement la nuit. Nous ne nous occuperons que de cette première utilisation.

Comme précédemment, la source lumineuse est formée soit par une lampe à pétrole, soit par le soleil ; une pédale fait mouvoir un obturateur qui, par son déplacement, laisse passer le jet de lumière ; une lunette sert pour la réception des signaux.

La source lumineuse est en L sur l'axe principal du miroir convexe A B ; elle donne au foyer F une image virtuelle. Ce point F se confond avec le foyer principal du miroir concave A B faisant face au premier ; alors les rayons émis de L seront réfléchis par *ab* et réfléchis une deuxième fois par A B parallèlement à l'axe principal.

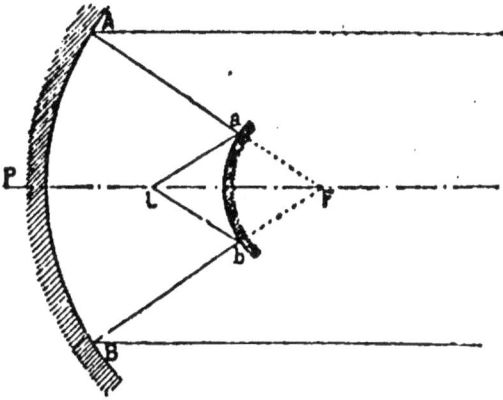

Détails de l'appareil. — Le grand miroir A B garnit intérieurement la paroi postérieure d'une boîte en tôle ouverte à l'extrémité opposée. Le petit miroir *ab* est placé en face du premier.

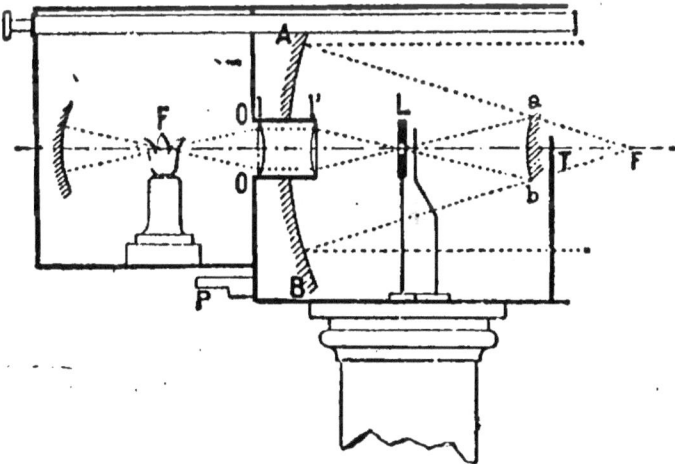

Une cage s'accroche derrière la boîte ; elle contient

une lampe à pétrole et un petit miroir destiné à renforcer la flamme.

Les rayons sont dirigés au point F par un oculaire formé de deux lentilles plan-convexe. Cet oculaire est introduit dans une douille qui traverse la paroi postérieure de la boîte en OO et le centre du grand miroir AB.

La flamme est au foyer principal de la lentille *l* et le point L où se trouve le diaphragme est le foyer principal de *l'*.

Le diaphragme est formé d'une tige de fer percée en L d'un trou circulaire, d'un disque mobile sur son centre appliqué sur la tige et portant des ouvertures circulaires de différents diamètres (2, 3, 4, 5 et 8 millimètres). En faisant tourner ce disque, les ouvertures viennent s'appliquer sur le trou L. On peut ainsi modifier l'espace laissé au passage des rayons.

Un obturateur T, commandé par une pédale extérieure, masque l'ouverture laissée libre.

On peut également substituer la lumière solaire à celle de la lampe. Pour cela, on enlève la cage et l'on remplace l'oculaire à deux lentilles par l'oculaire à verre dépoli dont nous avons déjà parlé et l'on se sert des miroirs plans indiqués en leur adjoignant ou non l'héliostat.

Le réglage de la source lumineuse s'opère en déplaçant la lampe jusqu'à ce que la lumière soit concentrée sur le diaphragme de manière que l'image conjuguée de la flamme partage l'ouverture en deux parties égales.

Le réglage du parallélisme se pratique, comme pour les appareils à lentilles, au moyen de l'oculaire à verre dépoli.

Portée approximative des différents appareils.

		LE JOUR		LA NUIT
		Lampe.	Soleil.	Lampe.
	$0^m,10$	8	15	15
	$0^m,14$	10	30	30
	$0^m,24$	12	30	60
Appareils à lentilles.....	$0^m,30$	15	40	50
	$0^m,40$	18	50	80
	$0^m,50$	20	50	100
	$0^m,60$	25	50	110
Appareils télescopiques..		16	40	60
		18	50	80
		20	50	100

LUMIÈRE ÉLECTRIQUE

Nous avons vu que la quantité de chaleur produite par le passage d'un courant dans un conducteur était proportionnelle au carré de l'intensité du courant et à la résistance du conducteur. Cette chaleur peut déterminer, avons-nous dit, des phénomènes lumineux, et ceux-ci peuvent être de différentes sortes, suivant la façon dont on utilise l'intensité des courants et dont on se sert des résistances des conducteurs.

Nous étudierons sommairement ces phénomènes lumineux que nous classerons ainsi :

1° *L'arc voltaïque*, qui jaillit entre deux charbons espacés, dans lesquels circule un courant ;

2° *L'incandescence avec combustion*, qui se produit dans l'air au contact de deux corps offrant grande résistance au courant ;

3° *L'incandescence sans combustion*, qui se produit dans le vide, par exemple par suite du passage du courant dans un fil très résistant.

·REMARQUE. — On est convenu de comparer l'intensité lumineuse de ces différentes sources à celle d'une lampe *Carcel* brûlant en une heure 42 grammes d'huile de colza épurée. On la compare aussi à l'intensité des bougies. Ainsi une bougie de l'*Etoile* de cinq au paquet, consommant 10 grammes de stéarine par heure, vaut $0^{carcel},136$. Une lampe Carcel équivaut donc à peu près à sept bougies.

L'usage est d'évaluer ordinairement l'intensité des sources lumineuses en bougies.

Arc voltaïque.

La découverte en est due au chimiste anglais Davy, qui l'obtint en faisant passer un courant fourni par 2,000 éléments (Zn, Cu) entre deux baguettes de charbon écartées l'une de l'autre. La couche d'air séparant ces deux baguettes offre au passage du courant, très intense, une grande résistance, de sorte que le produit $R I^2$ est très grand et, par suite, la quantité de chaleur dégagée considérable, d'où résulte le phénomène lumineux de l'arc voltaïque.

Mais, le courant circulant dans un sens bien déterminé, il en résulte qu'il y a usure inégale des deux charbons. Le charbon positif s'use deux fois plus vite que le charbon négatif, comme s'il y avait transport, dans le sens du courant, de matière du premier sur le second.

On peut obvier à cet inconvénient en faisant circuler le courant tantôt dans un sens, tantôt dans l'autre. Des machines spéciales permettent de produire ce mode de courants, qu'on appelle *courants alternatifs*.

En vertu de l'usure, la distance des deux crayons augmente et, par suite, la résistance offerte par la couche d'air au passage de l'arc augmente aussi, ce qui nuit à la régularité de la lumière. Des appareils, dont nous ne ferons qu'indiquer l'existence et qu'on appelle des régulateurs, maintiennent constant l'écart des deux charbons, de façon que la résistance offerte par la couche d'air séparatrice soit toujours la même.

Bougies électriques. — Mais il existe une disposition simple pour maintenir l'écartement des crayons à la valeur qu'il doit avoir normalement. On les dispose parallèlement l'un à l'autre et l'on emploie des courants alternatifs ; les charbons s'usent alors tous deux de la même quantité et l'écartement de leurs pointes reste constant. La bougie *Jablochoff* a été la première application de cette disposition. Pour amortir l'éclat du foyer, qui est très intense (40 carcels environ), on l'entoure d'un globe de verre opalin ou craquelé.

Charbons. — Les baguettes de charbons se fabriquent avec de la poudre de charbon (coke) bien pure, agglomérée avec du goudron, qu'on passe à la filière et qu'on moule en crayons de différents diamètres. On les cuit dans un four, puis on les plonge dans un sirop pour boucher les pores qui se sont produits pendant la cuisson.

Les diamètres sont d'autant plus forts que l'intensité du courant doit être plus grande ; ils varient depuis quelques millimètres jusqu'à $0^r,02$, valeur usitée pour les gros foyers de 3,000 à 4,0C0 carcels qui fonctionnent avec une centaine d'ampères.

Incandescence avec combustion dans l'air.

Principe. — Quand deux corps dont l'un au moins est médiocrement conducteur sont en simple contact et parcourus par un courant électrique, il se produit, à ce contact, par suite de la résistance, un échauffement qui amène l'incandescence et, par suite, la combustion des deux corps ou seulement du plus résistant si l'intensité du courant est suffisante.

Si l'on donne à l'un des deux corps une large section et si l'on prend pour l'autre un mince crayon de charbon, c'est celui-ci qui, à cause de sa plus grande résistance, devient incandescent.

Les lampes *Reymer* et *Werdermann* sont fondées sur ce principe. Nous n'entrerons pas dans les détails de leur construction parce qu'elles n'ont reçu aucune application.

Incandescence dans le vide.

Les lampes à incandescence dans le vide utilisent, comme nous l'avons dit, la haute température déterminée dans le conducteur électrique par le passage du courant; mais on évite la combustion de ce conducteur qui se produirait immédiatement à l'air libre en le plaçant dans un milieu non comburant. Le système à peu près exclusivement adopté consiste à l'enfermer dans un petit globe où l'on fait le vide.

Les premiers essais ont été faits avec des fils de platine ; mais ceux-ci se volatilisent à la température pour laquelle ils commencent à donner une lumière appréciable. Des autres corps essayés, le charbon a donné les meilleurs résultats, et il est aujourd'hui exclusivement employé. Il possède en effet un grand pouvoir rayonnant et une grande résistance électrique, ce qui est avantageux, comme nous l'avons expliqué plus haut; de plus, il est infusible.

Ce charbon provient le plus souvent de fibres végétales calcinées; les seules différences entre les nombreux systèmes de lampes tiennent à la nature de cette fibre.

Durée des lampes. — Les lampes doivent fonctionner avec une force électromotrice déterminée par le constructeur pour donner de bons résultats; si l'on dépasse cette force, la désagrégation du filament se produit rapidement. On a donc avantage à leur faire subir un régime

régulier qui leur donne une durée moyenne d'environ
1,000 heures.

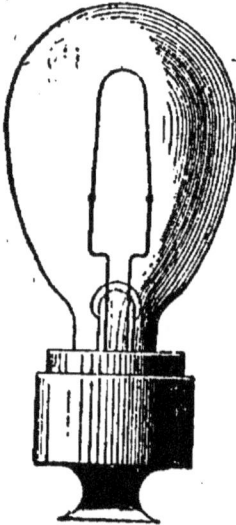

Lampe Edison. — Un filament
de bambou carbonisé F, en forme de
fer à cheval, enfermé dans une cloche vide d'air, est fixé à deux fils de
platine C qui aboutissent aux bornes
de la lampe.

Lampe Swan. — Le filament
est un brin de coton carbonisé en forme de boucle.

Lampe Maxim. — Est formée
avec une lame de carton bristol carbonisé, en forme de M, dans une atmosphère de gazoline (hydrocarbure).

Lampe Gérard. — Certains cons-
tructeurs cherchent à augmenter la surface lumineuse
dans les lampes à incandescence pure pour obtenir une
intensité lumineuse totale plus forte. Comme exemple,
on peut citer la lampe Gérard ; le filament est remplacé
par des petites baguettes de charbon pur, porphyrisé,
aggloméré et passé à la filière. L'intensité lumineuse
atteint 40 carcels avec 70 volts et 8 ampères. Il existe
même un type de 80 carcels.

Usage des différentes sources de lumière électrique.

Quand on cherche un foyer lumineux unique d'une
grande intensité pour l'éclairage des phares, les signaux
de guerre, il faut avoir recours aux régulateurs électriques. On peut obtenir de cette façon une intensité de

2,000 carcels concentrée en un seul point, et, en adoptant un réflecteur, on projette cette lumière à une grande distance.

Avec les régulateurs, on obtient des foyers qui conviennent pour les grands espaces distribués d'une façon uniforme, les halls de chemin de fer, les chantiers de construction.

Les autres foyers, c'est-à-dire les bougies et les lampes à incandescence, s'adaptent mieux, surtout les lampes à incandescence pure, à la division de la lumière. Cependant, les bougies ont l'inconvénient de donner une lumière vacillante et de coloration variable. Les lampes à incandescence n'ont pas cet inconvénient; leur lumière est fixe, à la condition évidente que la production du courant soit régulière. Ces lampes sont applicables partout où le gaz est employé, appartements, magasins, bureaux, ateliers, théâtres, etc.

A bord des navires, on emploie les régulateurs munis de projecteurs pour produire la lumière nécessaire aux manœuvres. Les signaux se font au moyen de lampes à incandescence que l'on hisse le long des mâts et des vergues. Enfin, l'éclairage intérieur est fourni par des lampes à incandescence.

L'emploi de l'électricité pour l'éclairage s'impose pour les navires, mines, magasins à poudre, etc. L'emploi de l'huile expose en effet à de trop grands dangers. On évite ainsi les chances d'incendie et l'on maintient la température à un degré supportable dans les lieux de réunion, etc.

Montage des lampes à incandescence.

On peut les monter en série ou en dérivation.

Dans le montage en série, on place toutes ces lampes sur un même conducteur relié aux deux bornes de la source électrique. Ce conducteur est parcouru par un courant dont l'intensité est constante et a pour valeur celle qui est nécessaire pour une lampe ; tandis que la force électro-motrice du courant doit être égale à la somme des forces électromotrices nécessaires pour faire passer le courant dans chaque lampe. Ce système n'est appliqué qu'aux lampes à faible résistance.

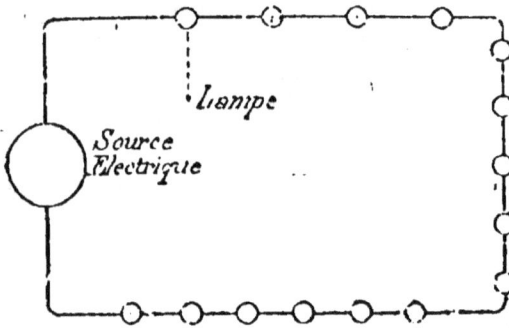

L'inconvénient de ce système tient à ce que toutes les lampes sont solidaires, car si l'une s'éteint, elle interrompt alors le courant, et, par suite, toutes les autres lampes s'éteignent.

Dans le montage en dérivation on branche sur deux conducteurs principaux, partant des bornes de la source électrique, des fils sur lesquels on installe les lampes. La force

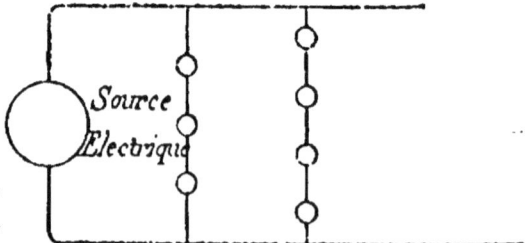

électromotrice est constante dans les circuits et égale à celle du courant sortant de la machine. Quant à l'intensité du courant produit par cette machine, elle doit être égale à la somme des intensités nécessaires à chaque lampe. Dans ce montage les lampes sont indépendantes, c'est-à-dire que les lampes d'un circuit particulier peuvent s'éteindre sans influencer les autres. Dans ce cas la résistance diminuant, l'intensité augmente dans toutes les lampes restantes. Pour la réduire à sa valeur primitive, il suffit d'introduire dans le courant des résistances auxiliaires.

Application de la lumière électrique à l'éclairage des magasins à poudre et des ateliers de chargement.

Nous avons déjà dit que l'électricité remplaçait fort avantageusement toutes les autres lumières pour l'éclairage des locaux où il est dangereux d'introduire une flamme. Nous allons étudier successivement son mode d'emploi pour les magasins à poudre et ateliers de chargement.

Le matériel nécessaire comprend :

1º Un matériel fixe dont nous verrons plus loin l'installation ;

2º Un matériel mobile, comprenant la source d'électricité et la lampe, le tout pouvant être transporté à la main d'un point à un autre comme un flambeau quelconque.

Dans chaque système nous aurons à étudier la lampe, la pile, le commutateur destiné à offrir au courant un circuit fermé pour la production de la lumière, les conducteurs et les dispositifs de sûreté.

Matériel fixe.

Lampe. — On prend des lampes de 6 à 8 bougies avec une intensité moyenne de $1^{ampère},6$ à $1^{ampère},7$. Une lampe dite loxyguine de 10 volts est recommandée. Mais les lampes de même puissance provenant d'autres maisons, telles que *Edison, Voadhouse, Gérard,* peuvent également être employées.

Nous verrons plus loin la façon de placer ces lampes pour éviter toute chance d'accident. Disons toutefois que la lampe est enfermée dans un globe de verre et qu'elle est complètement isolée de l'atmosphère par une obturation en caoutchouc.

Les globes sont munis de fermeture à clef, de façon à supprimer tout danger provenant de la curiosité ou de la malveillance.

Pile. — C'est la pile Lalande et Chaperon à auges (grand modèle) que nous allons faire connaître. Elle se compose d'une boîte plate en tôle de fer dont le fond est recouvert d'oxyde de cuivre formant dépolarisant.

A la paroi de cette auge est fixée une borne qui forme le pôle positif.

Cette auge contient une dissolution de potasse dans laquelle plonge une lame de zinc. Cette lame repose sur quatre dés en terre qui la maintiennent en place tout en l'isolant de l'auge. A cette lame est fixée la borne négative. Chaque élément a une force électromotrice de $0^{volt},8$ environ qui descend à $0^{volt},6$ et une résistance de $0^{ohm},05$. Il contient 2 kilogrammes de potasse, $0^k,900$ d'oxyde de cuivre.

Pour obtenir une force électromotrice de 10^{volts}, nécessaire aux bornes des lampes, il faut associer en série 10 à 20 éléments.

Les vingt éléments sont disposés en quatre séries verticales comprenant chacune cinq éléments.

La pile est placée à proximité du local à éclairer et est enfermée sous clef.

Montage et démontage d'une pile. — Verser dans l'auge $0^k,900$ d'oxyde de cuivre et établir cette poudre uniformément sur le fond. Poser dessus une feuille de parchemin, puis, sur celle-ci un croisillon en fer qui la maintient en place. Mettre les quatre dés isolants, placer sur eux la lame de zinc et déposer sur celle-ci la charge de potasse qui est de 2 kilogrammes, en ayant soin de casser les morceaux trop gros. Verser dessus de l'eau jusqu'à ce qu'elle recouvre de 1 centimètre environ la lame de zinc ; faire dissoudre la potasse en agitant avec un morceau de bois et déposer sur le tout environ un quart de litre d'huile de pétrole lourde pour préserver de l'action de l'air.

Lorsque le courant de la pile totale s'affaiblit, il suffit d'ajouter un élément à la série ; c'est ainsi qu'on part du chiffre de seize éléments et qu'on arrive à en employer vingt.

Quand la pile est épuisée, il faut la recharger. Pour cela, on vide chaque élément en mettant de côté l'huile de pétrole qui peut resservir et le cuivre réduit qu'on peut utiliser en le transformant en oxyde par une exposition à l'air humide ou plus rapidement sur une plaque de tôle portée au rouge.

L'auge ayant été bien lavée, on recharge chaque élément comme pour le montage primitif et on rétablit la pile.

Conducteurs. — Ce sont des fils de cuivre de $1^{mm},8$ de diamètre, revêtus d'un isolement fort et recouverts de plomb. On les fixe au moyen de crochets à scellement dans la muraillo, en les entourant d'un massif de ciment dans le parcours des locaux où est emmagasinée la poudre.

Dans les autres cas, on les place dans les échancrures pratiquées dans la muraille. Quand on les relie aux bornes d'une lampe, on dénude leur extrémité et on la décape ; puis on entoure les parties dénudées y compris les bornes de deux ou trois tours de ruban goudronné, serré par de la ficelle et recouvert d'enduit isolant.

Commutateurs. — Sur le circuit de chaque lampe est placé un commutateur qui permet d'établir ou de supprimer le courant de la pile dans le circuit, c'est-à-dire d'allumer ou d'éteindre la lampe.

Cet appareil est formé d'un récipient en ébonite hermétiquement clos, portant intérieurement deux pointes de platine et renfermant du mercure qui relie électriquement ces deux pointes entre elles lorsqu'il est en contact avec elles en même temps. Cette fermeture du circuit se produit lorsque le récipient est horizontal. Lorsqu'il est vertical, le mercure n'est plus en contact qu'avec une seule pointe et le circuit est ouvert.

Les pointes sont reliées aux deux bornes auxquelles on attache les conducteurs.

Il y a autant de commutateurs et de circuits que de lampes ; ces circuits sont indépendants, c'est-à-dire qu'on peut allumer ou éteindre les lampes indépendamment les unes des autres.

Les commutateurs sont placés sous clef.

Matériel portatif. — Ce matériel, avons-nous dit, consiste en une lampe à incandescence avec pile adhérente.

La pile portative règlementaire se compose de quatre éléments : un élément se compose d'une lame de zinc et d'une de charbon plongeant toutes les deux dans une solution de bi-sulfate de mercure. Cette pile ne dégage aucun gaz, aucune odeur; il n'y a donc pas à craindre de polarisation. Cependant, le mercure mis en liberté amalgame le zinc et l'intensité diminue rapidement pour atteindre son intensité définitive.

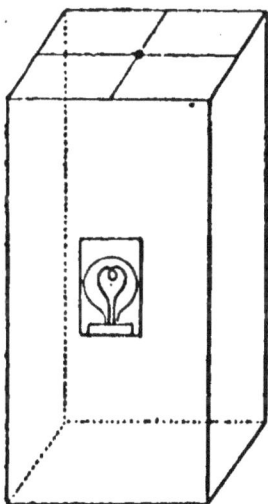

Dans la lampe portative, on a quatre éléments placés dans quatre compartiments ménagés dans une boîte longue à section carrée par deux cloisons rectangulaires. Les éléments zinc et charbon sont fixés au couvercle et ne plongent pas dans le liquide. Pour établir le courant et illuminer par suite une lampe à incandescence, avec réflecteur, placée sur le côté, il faut retourner l'appareil.

La jonction entre le couvercle et l'ouverture du vase et par suite la fermeture étanche pendant le retournement, est obtenue à l'aide d'une lame de caoutchouc formant joint, fortement comprimée à l'aide d'un écrou mobile à l'extrémité d'une tige fixe établie suivant l'axe du vase et qui traverse le couvercle en son centre.

Chargement de la pile. — Dévisser avec une clef

l'écrou qui se trouve sur le couvercle ; enlever avec précaution et bien droit la plaque de caoutchouc fermant le récipient pour ne pas détériorer les éléments. Nettoyer l'intérieur du récipient et particulièrement les bords en contact avec la plaque de fermeture.

Remplir le récipient aux deux tiers avec la solution de bi-sulfate de mercure ; replacer la plaque, le couvercle et revisser l'écrou.

Il faut 1 litre 125 de liquide pour ce type de pile. Cela correspond à une durée d'éclairage de quatorze heures.

Installation de l'éclairage électrique dans les magasins à poudre type 1874.

Ces magasins sont dits *permanents*. Il ne faut pas les confondre avec les *magasins du temps de paix*, qui ne peuvent être occupés qu'en temps de paix ou dans les places éloignées du théâtre d'opérations des armées. Ces magasins permanents sont construits actuellement sur un type nouveau (1888), car la force des nouveaux explosifs a obligé de créer des types beaucoup plus résistants.

Description sommaire du type 1874. — Ils se composent d'une *chambre à poudre* de 6 mètres de largeur couverte par une voûte plein cintre et recouverte d'une épaisseur de terre de 3 à 5 mètres. Pour le protéger contre l'humidité, le plancher est établi sur des *caveaux*, et des *couloirs* circulent tout autour de la chambre. Ils comprennent un *vestibule* de 2 mètres 50 sur 4 mètres, situé devant la porte du magasin et communiquant par une porte avec un porche qui aboutit à la cour d'entrée.

Deux couloirs d'assainissement de 1 mètre de largeur longent les façades ; l'un part du porche et aboutit à une

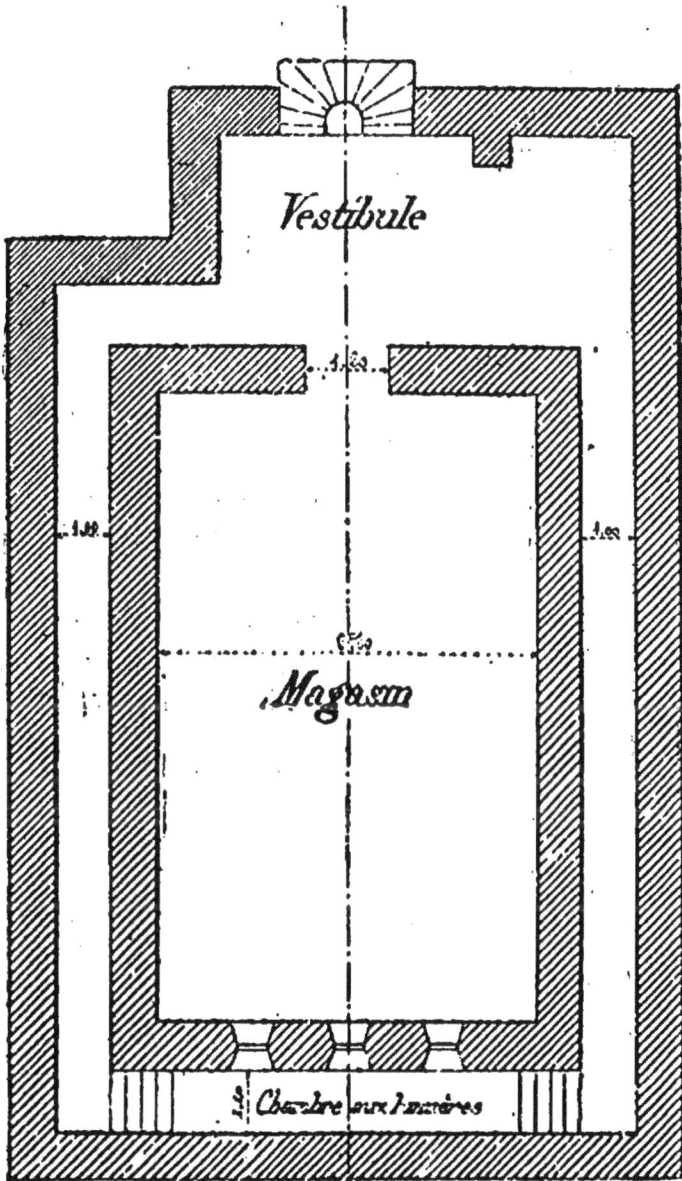

Vestibule

Magasin

Chambre aux lumières

gaine de 1ᵐ,20 de largeur située contre le pignon opposé à l'entrée et dite chambre de lumière dont le sol est à 1ᵐ,30 ; l'autre couloir part du vestibule et aboutit par un escalier descendant sous la chambre aux lumières. Au-dessus du milieu de cette chambre, on installe une cheminée se prolongeant jusqu'au-dessus du terrassement. Cette cheminée sert, à l'aide d'un réflecteur, à éclairer le magasin. Mais, au moment d'un siège, cette ouverture doit être bouchée et blindée ; il faudra alors de toute nécessité avoir recours aux lampes.

Installation des lampes. — La lampe sera placée dans une baie pratiquée au-dessus de la porte de la chambre. Cette baie sera munie d'un vitrage fixe du côté de la chambre et du côté du vestibule, d'un volet mobile en bois peint en blanc et percé d'une ouverture vitrée de 5 centimètres de diamètre. La lampe est suspendue dans cette baie par deux fils qui amènent le courant. Lorsqu'elle est usée, on la remplace en ouvrant le volet mobile.

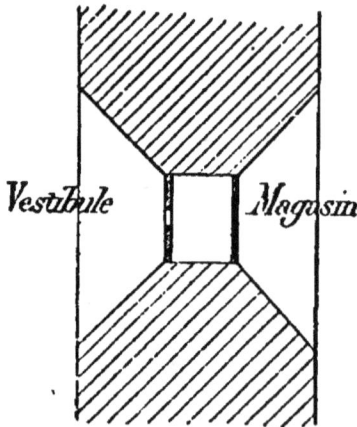

Les parois des locaux à éclairer sont blanchies à la chaux.

Magasins à poudre type 1888. — Magasins en terrain rocheux dits magasins-cavernes.

1° Disposition parallèle au front établie dans le roc. — Pour éclairer le magasin et ses deux vestibules, on dispose une lampe au milieu du magasin et l'on éclaire les deux vestibules au moyen d'une partie de la lumière de deux lampes servant à l'éclairage des couloirs d'accès du magasin.

Dans l'atelier de chargement, on placera une lampe fixée au centre de la voûte. La lampe placée dans le mur du vestibule de droite éclairera le couloir gauche aboutissant à l'atelier. Une cinquième lampe sera placée dans le couloir de droite.

Deux piles de vingt éléments seront nécessaires pour alimenter ces cinq lampes.

Les lampes placées à l'intérieur du magasin et de l'atelier de chargement sont enfermées dans un globe de verre qui s'assemble au moyen d'un mouvement de baïonnette avec une calotte en cuivre fixée à un tube qui est scellé dans la voûte. Un bracelet en caoutchouc recouvre le joint et isole la lampe de l'atmosphère locale. La lampe est fixée sur une douille dont les bornes sont reliées aux deux fils qui amènent le courant; ces fils sont dissimulés à l'extérieur d'un tube.

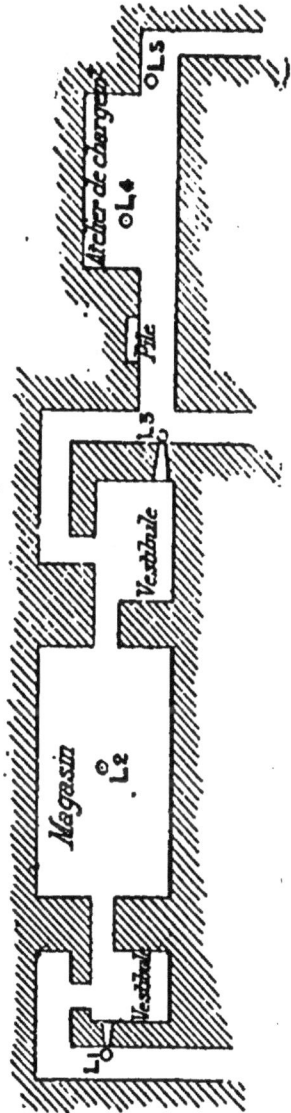

2° Disposition perpendiculaire au front établie dans le roc.

— Quatre lampes suffisent : une dans le magasin, une dans l'atelier, deux dans les couloirs.

Le vestibule n'est pas éclairé directement mais il l'est suffisamment par la lampe voisine du couloir lorsque la porte est ouverte.

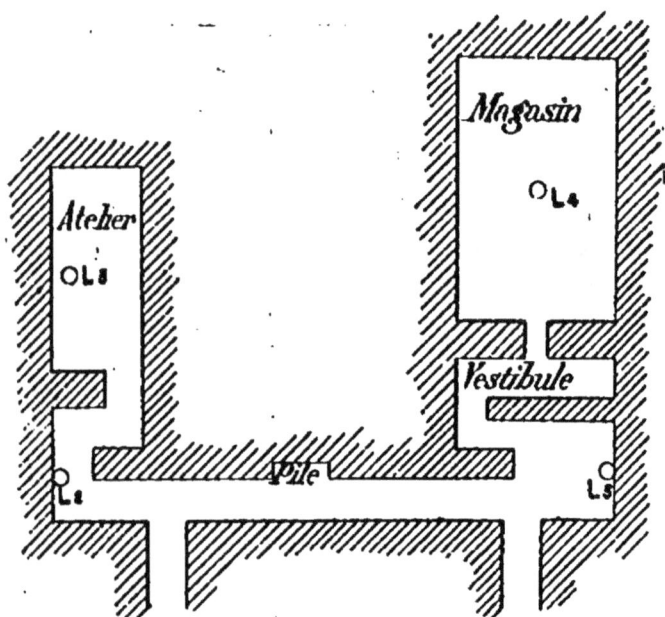

REMARQUE. — Dans ces deux dispositions, les lampes du magasin ou de l'atelier sont placées à la voûte; celles des couloirs sont placées dans des petites baies pratiquées dans le mur; ces baies sont à $1^m,50$ au-dessus du sol et ont une hauteur de 20 centimètres; leur ouverture principale est fermée par un verre fixe; l'autre par une porte mobile avec toile métallique.

Magasins en terrain non rocheux type 1888.

1° **Magasins souterrains.** — La disposition est la même que celle des magasins-cavernes parallèles au front ; l'organisation de l'éclairage est, par conséquent, la même que celle qui a été exposée ci-dessus pour ce cas.

2° Magasins en relief au-dessus du sol. — Même disposition que la précédente, avec cette différence toutefois qu'un vestibule et un couloir d'accès du magasin sont supprimés ; la lampe correspondante est supprimée aussi.

PARATONNERRES

Notions préliminaires.

Les anciens physiciens avaient remarqué que le verre, frotté avec de la soie, se chargeait d'une certaine électricité qu'on appella *positive* ou vitreuse et que la résine, le caoutchouc, frottés avec de la flanelle, se chargeaient d'une électricité possédant d'autres propriétés et qu'on appela *négative* ou résineuse. On constata que deux corps chargés d'électricité de noms contraires (positive et négative) s'attiraient et que deux corps chargés d'électricité du même nom se repoussaient.

On suppose dès lors que les corps contenaient un fluide à l'état neutre formé de fluide positif et de fluide négatif, dont les propriétés se neutralisaient sur d'autres corps ; le frottement avait alors la propriété de rendre libre l'un ou l'autre de ces fluides.

Nous admettrons donc cette théorie, dont nous résumerons les conséquences en disant : *il y a répulsion entre deux corps chargés de la même électricité, et attraction entre deux corps chargés d'électricité de noms contraires.* Nous représenterons le fluide positif par +, le signe négatif par —.

Action d'influence. — Mais alors tout corps possédant une charge d'électricité exerce sur tout autre corps, placé dans un certain rayon, une action d'influence. Ainsi le corps M étant chargé d'électricité positive, si on en ap-proche le corps N à l'état neutre le fluide positif de M attirera sur la face de N tournée de son côté le fluide négatif. Il y a alors attrac-tion entre les parties *a* et *b*, et si la résistance du milieu interposé peut être surmontée par les deux fluides, ils se combineront en produisant une décharge. Nous verrons par la suite cette propriété utilisée.

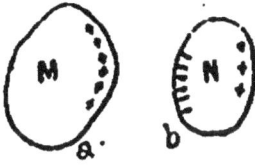

Distribution de l'électricité sur les corps. — Quand un corps conducteur est électrisé, on constate que toute l'électricité se porte à la surface. On peut le prouver à l'aide d'une sphère en laiton creuse et électrisée. Si l'on introduit dans son intérieur une balle de sureau électri-sée, elle n'éprouve aucune action ; tandis que, si on la présente à la surface de la sphère, il y aura attraction ou répulsion suivant que l'électricité de la sphère et de la balle seront de noms contraires ou de même nom.

Sur une sphère, l'électricité se distribue uniformément ; sur un corps allongé, l'électricité s'accumule vers les pointes de ce corps, et plus le corps s'allongera, plus l'épaisseur électrique augmentera vers les pointes ; il arri-vera un moment où l'équilibre ne sera plus possible et l'électricité s'échappera dans l'air. C'est sur cette *pro-priété des pointes* de laisser échapper l'électricité des corps conducteurs que sont fondés les paratonnerres.

Principe des paratonnerres. — En effet, les nuages, en temps d'orage, sont fortement électrisés ; ils exercent donc leur action sur les paratonnerres et attirent à leur extrémité une électricité de nom contraire à la leur ; mais cette électricité s'écoule graduellement dans l'at-

mosphère par la pointe du paratonnerre pour aller neu·
traliser l'électricité du nuage menaçant.

Le paratonnerre préserve donc de la décharge électri·
que qui pourrait se produire entre l'électricité du nuage
et l'électricité de nom contraire développée à la surface
de la terre. Grâce au paratonnerre, cette décharge, au
lieu de se produire d'un seul coup (phénomène de la foudre), se produit insensiblement, par suite de l'écoulement constant du fluide électrique par la pointe.

Seulement il est nécessaire que l'électricité qui s'est
accumulée à la partie inférieure de la pointe, puisse s'é·
couler facilement dans le sol, car cette accumulation
d'électricité deviendrait un danger pour le bâtiment. En
effet, sa position dominante, par rapport à tous les objets
voisins l'expose à être frappé de préférence par la foudre.
Si le nuage s'approche trop vite, il est trop chargé pour
pouvoir être neutralisé et si l'électricité ne s'écoule pas
librement dans le sol il se produit des décharges latérales
entre le paratonnerre et l'édifice. Pour éviter ces décharges latérales, il faudra relier au paratonnerre toutes
les masses métalliques un peu grandes qui se trouvent
dans la maison.

On a vu par exemple des murs épais traversés par la
foudre parce que des conduites d'eau métalliques se trou-
vaient du côté opposé au conducteur du paratonnerre et
s'électrisaient assez fortement par influence pour que,
la décharge se produisît à travers le mur.

Limite de protection. — On admet généralement,
mais sans raisons bien sérieuses, que la surface protégée
par un paratonnerre est un cercle de rayon double de la
hauteur de la tige. Les paratonnerres ne devront donc
jamais être distants sur un toit de plus du quadruple de
leur hauteur au-dessus du toit.

En général, il faudra toujours se rappeler qu'un paratonnerre mal construit est plus dangereux pour une maison que l'absence complète de paratonnerre.

Description d'un paratonnerre.

Un paratonnerre se compose essentiellement de la tige, du conducteur et de la mise en terre. Des considérations précédentes il résulte qu'un paratonnerre doit satisfaire aux conditions suivantes :

1° La tige et le conducteur doivent présenter en tous leurs points une section suffisante et une continuité parfaite ;

2° Le conducteur doit communiquer par une large surface avec une nappe d'eau pour permettre un écoulement facile de l'électricité dans le sol ;

3° Toutes les masses métalliques doivent être mises en communication avec le conducteur à l'exception du contenu qu'il s'agit de préserver (caisses métalliques dans les magasins à poudre, armes dans les salles d'un arsenal).

Tige. — Elle comprend trois parties : *flèche avec pointe, tige proprement dite, support de tige.*

La *flèche* est en cuivre rouge de forme tronconique ; à son extrémité supérieure est vissée la pointe en platine ; à la partie inférieure est un tenon fileté.

La *tige* est en fer forgé de forme tronconique ; elle porte à son extrémité supérieure un tenon fileté ; elle se termine, à la partie inférieure, par une embase cylindrique avec tenon fileté.

Le support de tige est en fer forgé comme la tige ; il comprend une collerette portant d'un côté un tenon carré à la base et fileté à la partie supérieure et de l'au-

Pointe en platine.

vissée sur

Flèche en cuivre rouge.

Manchon en cuivre à double écrou.

Tige proprement dite en fer forgé.

Support de tige.

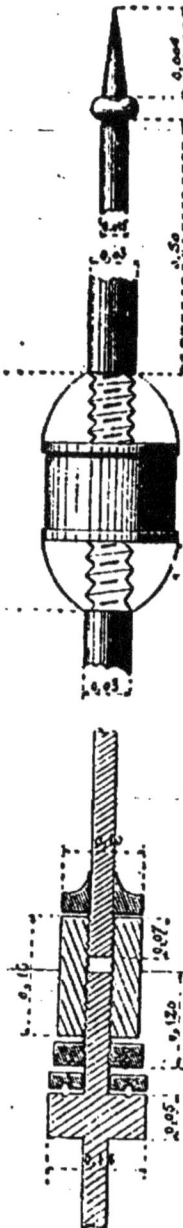

tre côté une tige carrée ou filetée ou une fourche suivant qu'il doit être fixé sur un mât ou sur la charpente du bâtiment. Sur la face supérieure de la collerette est une gorge de section demi-circulaire ; au-dessus, on place une collerette mobile percée à son centre d'un œil carré et portant sur sa face inférieure une gorge correspondant à celle de la collerette fixe. C'est dans cette gorge qu'on engage la boucle du conducteur. On serre les deux collerettes au moyen d'un écrou.

Le support de tige et la tige sont reliés par un manchon à double écrou. La tige et la flèche sont reliées d'une façon analogue.

La longueur totale de la tige ne dépasse pas 5 mètres.

Conducteur. — Il est formé d'un câble composé d'une âme en chanvre sur laquelle s'enroulent sept torons de sept fils de cuivre ; il présente à son extrémité supérieure une boucle qui vient se placer dans la gorge du support de tige.

Mise en terre. — Elle se fait à l'aide d'un puits ordinaire ayant 1 mètre de profondeur d'eau au minimum ; le câble descend dans l'axe du puits ; il se termine par une armature en fer qui est boulonnée avec interposition de soudure sur la tige d'un grappin de fer galvanisé. Celui-ci est placé dans un panier en vannerie ou en fil de fer galvanisé qui est ensuite rempli de coke tassé.

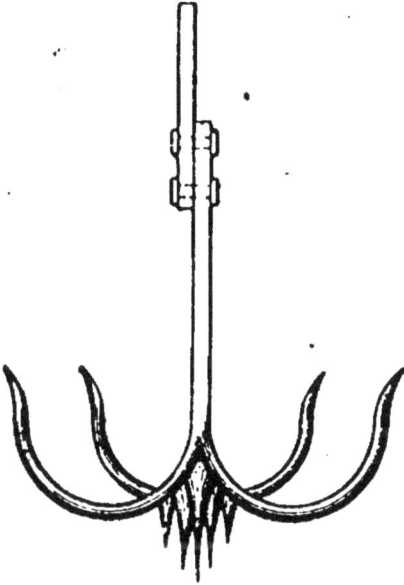

Lorsque la nappe d'eau est à une profondeur trop grande, on peut se contenter d'un forage tubé en tuyaux de poterie de $0^m,20$ ou en tuyaux métalliques de $0^m,12$; ce forage est poussé jusqu'à 1 mètre au-dessous du niveau de l'eau.

Le grappin est alors remplacé par une feuille de tôle galvanisée, de 1 mètre de surface, roulée et soudée sur une barre de fer qui a toute la hauteur de la plaque ; cette barre est boulonnée sur l'armature qui termine le conducteur.

On peut aussi, au lieu d'un forage, pratiquer dans le sol une tranchée de 1 mètre de profondeur sur $0^m,40$ à $0^m,50$ de largeur au fond et de 20 mètres de longueur environ qui aboutit à une excavation de $2^m,50$ de profondeur. Le câble est placé sur une couche de $0^m,20$ de coke concassé, étendu sur le fond de la tranchée ; il se termine par un grappin placé dans l'excavation. On recouvre

avec une couche de coke et l'on remblaie avec du sable
ou des terres perméables.

On a soin d'ailleurs de fixer la tranchée au-dessus
d'un fossé dans lequel on dirige les eaux de pluie du terrain environnant.

Paratonnerres des magasins à poudre du temps de paix.

Ces magasins sont protégés par deux paratonnerres
sur mâts placés contre le parement intérieur du mur de
clôture pour éloigner le conducteur des caisses à poudre.

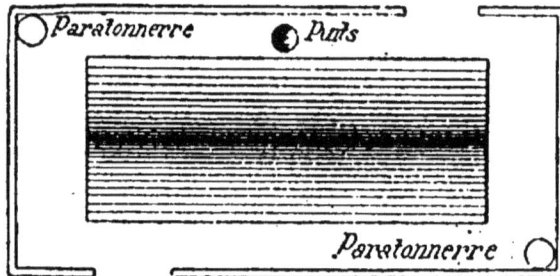

La hauteur des mâts est déterminée par la condition
de protection; elle ne doit pas dépasser 15 mètres; si
l'on est conduit à des hauteurs plus grandes on devra
placer les tiges sur le bâtiment.

Le conducteur descend le long du mât maintenu de
$0^m,05$ en $0^m,5$ par des crampons; il est protégé, à partir
du sol et sur $2^m,50$ de hauteur, par une gaine en bois; le
câble pénètre ensuite dans une rigole de $0^m,30$ de profondeur sur $0^m,10$ de large, enduite de ciment et qui suit le
pied du parement du mur de clôture; cette rigole est le
plus souvent couverte avec des dalles. Les conducteurs

des deux paratonnerres se réunissent par un câble unique qui aboutit au puits placé à l'intérieur de la cour.

Quand on est obligé de placer la tige sur le bâtiment,
on fixe le support de tige à la charpente. Le conducteur
suit la pente de l'égout, franchit la cour, vient descendre
le long d'un support fixé au mur de clôture, pénètre dans
un auget souterrain et aboutit au puits.

Quand il y a deux tiges sur le même bâtiment, les conducteurs suivent obliquement le même égout, de façon
à se réunir vers le milieu du versant en un câble unique
qui suit la pente.

Paratonnerres des bâtiments ordinaires.

On adopte généralement des conducteurs à barres de
fer de $0^m,025$ de côté environ et de 4 à 6 mètres de long. Le support de tige se ré-duit à la collerette fixe qui porte une amorce de barre pour la liaison avec le conducteur; cette liaison se fait par une superposition des extrémités sur $0^m,15$ de longueur avec deux boulons et sou-dure à l'étain. La réunion des deux bar-res se fait d'une façon identique.

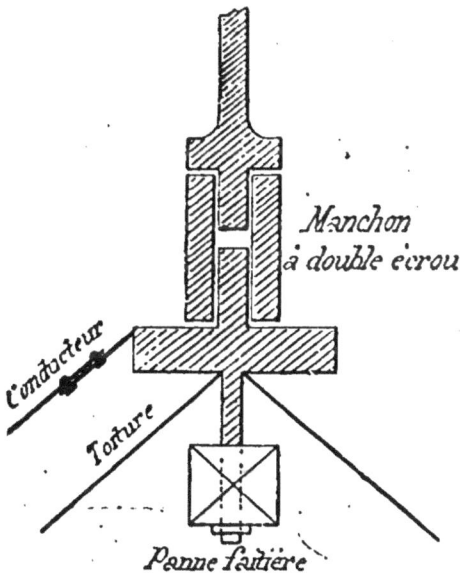

Manchon à double écrou

Conducteur

Toiture

Panne faîtière

Le conducteur descend le long du toit et des murs, et
on le relie aux masses métalliques importantes de la cons-

truction au moyen de tiges de $0^m,02$ de côté, soudées à des plaques de tôle de 50 centimètres carrés de surface, qui

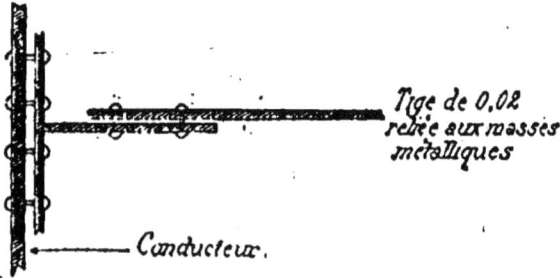

Tige de 0,02 reliée aux masses métalliques

Conducteur.

sont fixées aux masses métalliques par des boulons avec interposition de soudure. La réunion de ces tiges avec le conducteur se fait au moyen de pièces intermédiaires. Pour assurer la dilatation ou la contraction des barres par les variations de température, on intercale des *compensateurs de dilatation* dont la figure ci-dessous indique la disposition.

Bout de barre de $0^m,02$ de côté maintenant la bande de cuivre avec deux boulons et soudure.

Bande de cuivre de $0^m,02$ de largeur, de $0^m,005$ d'épaisseur et de $0^m,70$ de longueur.

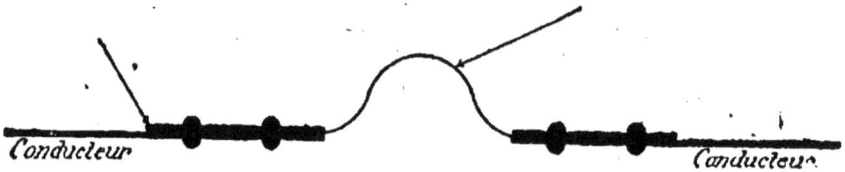

Conducteur   *Conducteur*

Lorsque plusieurs paratonnerres sont fixés sur un même bâtiment, on réunit tous les supports de tige par une barre de $0^m,02$ de côté qui circule tout le long de la tige du faîtage et qu'on appelle circuit de faîte. C'est à ce circuit qu'on réunit le conducteur au moyen d'un T. La mise en terre se fait comme dans les cas précédents.

Paratonnerres des magasins permanents type 1879.

Ces magasins sont protégés par une seule tige fixée sur le magasin et dont la hauteur est déterminée par la condition que le débouché de la cheminée de la chambre aux lumières soit compris à l'intérieur du cône de protection. Le support de tige peut être scellé, soit dans un palier en maçonnerie, construit sur la chape de la joûte, soit fixé sur un bâti en charpente noyé dans le terrassement. *Les magasins permanents, type* 1888, ne sont pas munis de paratonnerres.

Visite des paratonnerres.

Il est procédé chaque année à une visite spéciale. Dans cette visite, on doit vérifier si la tige et le conducteur ne présentent pas de continuité; à cet effet, les auges qui enferment le conducteur et les dalles qui recouvrent les puits, doivent être construites de manière à permettre l'examen des conducteurs. On visitera les puits et la tranchée de mise en terre; on s'assurera que la communication existe entre les chaineaux et les conducteurs. Ces visites se font en interposant les différentes parties du paratonnerre dans le circuit d'une pile sur le trajet de laquelle est placée une sonnerie; l'un des conducteurs est un fil très long qui permet d'établir la communication entre les parties les plus éloignées. Le procès-verbal de visite est adressé au Ministre.

En temps de guerre, le commandant de l'artillerie fait démonter et rentrer au magasin les paratonnerres.

Rappel sur les paratonnerres employés en télégraphie et en téléphonie.

Nous pouvons décrire maintenant ces paratonnerres dont on comprendra le mode d'action après les pages qui précèdent. Ces paratonnerres sont destinés à préserver les divers organes de l'appareil des décharges électriques venant de l'atmosphère et amenées par le fil de ligne. Ceux qu'on rencontre dans les appareils militaires sont de trois modèles.

Paratonnerres à peignes. — Le fil de ligne est serré

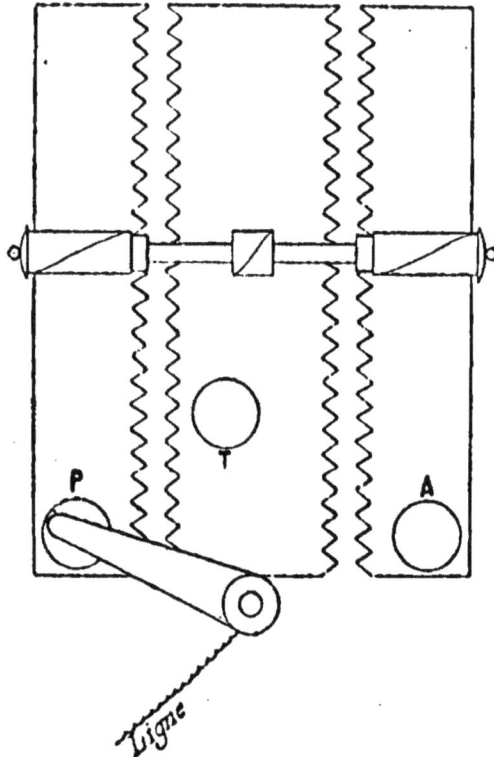

sur un plot garni de dents aiguës (formant pointes) des
deux côtés en regard de deux plots semblables; un commutateur permet d'amener le courant vers l'appareil ou
vers la terre.

Si, en raison des décharges atmosphériques, le courant prend une tension anormale, il s'en dégage, par les
dents du peigne, une grande partie neutralisée par un
dégagement inverse du plot de terre.

Les pointes en regard sont suffisamment éloignées pour
que le courant normal ne laisse rien échapper.

En cas d'orage, à l'endroit même où se trouve l'appareil, on met le commutateur sur la borne de terre. On
renonce alors à toute communication jusqu'à ce que
l'orage soit passé.

Ce paratonnerre pourrait être insuffisant en cas de
décharge violente imprévue, ou en cas de négligence de
la part de l'employé. On y joint ordinairement un paratonnerre à fil préservateur.

Paratonnerre à fil préservateur. — Lorsqu'on craint
un orage ou qu'on se trouve à la position d'attente, on

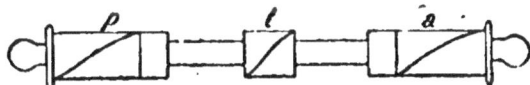

introduit dans le circuit un fil fin isolé par une gaîne de
soie et posé en spirale sur trois viroles métalliques P, T,
A, qui communiquent avec les trois plots correspondant
au paratonnerre à peigne.

Si un courant d'une forte intensité vient traverser le

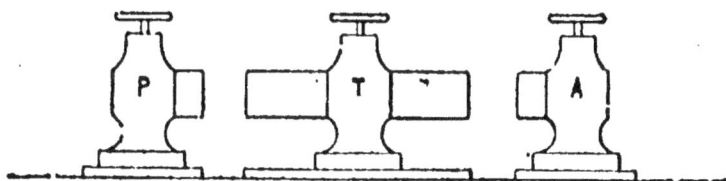

fil, il l'échauffe assez pour brûler l'enveloppe de soie et le fait communiquer avec le plot de terre qui absorbe le courant.

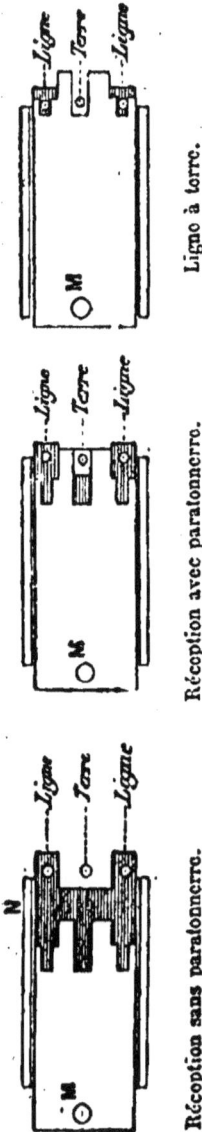

Paratonnerre à stries. — Il est fondé sur le même principe que le paratonnerre à peignes.

Deux lames, M et N, armées de stries, sont placées en regard et isolées l'une de l'autre ; les stries de M sont disposées perpendiculairement à celles de N.

La plaque de N porte deux goujons L reliés respectivement à la ligne. Un troisième goujon T est relié à la terre. En face de ces trois goujons se trouvent sur la plaque M trois entailles qui peuvent les embrasser à frottement doux et établir les contacts.

Les trois positions de la plaque M figurées ci-après correspondent au *temps calme, temps douteux, temps d'orage.*

Ligne à terre.

Réception avec paratonnerre.

Réception sans paratonnerre.

MISES DE FEU ÉLECTRIQUES

Avec la puissance actuelle des explosifs employés dans les différentes armées, si l'on veut obtenir une protection convenable, il devient nécessaire de placer le matériel d'artillerie et les hommes sous des constructions qui les mettent à l'abri aussi bien du tir de plein fouet que du tir plongeant. La solution — très coûteuse sans doute — qui s'impose désormais est l'emploi des constructions cuirassées en fer. Ces constructions sont actuellement les casemates cuirassées et les tourelles.

Nous devons faire connaître, dans cette partie du cours, les moyens employés pour mettre le feu aux pièces armant ces ouvrages. Avant d'aborder la description de chaque cas particulier, nous ferons connaître les appareils communs employés dans les casemates et les tourelles.

Etoupille électrique. — Elle comprend :

1° Un grand tube en cuivre rouge; un tampon en bois percé d'un trou fermé à la partie supérieure; il est maintenu près de la tête par deux étranglements. Le tube contient la charge, composée de 6 décigrammes de poudre fine, dont 1 décigramme est en grain comprimé. Les deux extrémités sont formées par des tampons en cire;

2° Un allumeur comprenant un petit tube en cuivre rouge fortement verni à la gomme laque et une amorce; le petit tube contient un mélange explosif formé de fulmicoton qui est tassé entre les deux branches de l'amorce et sur une certaine hauteur au-dessus du fil de platine.

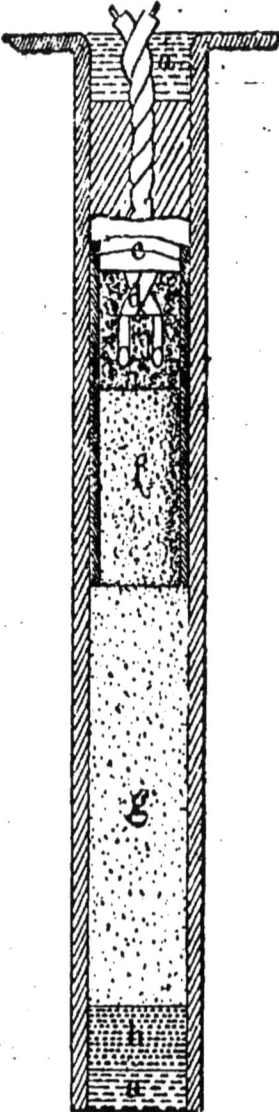

Un mélange de chlorate de potasse et de sulfure d'antimoine termine la charge du petit tube sans le remplir complètement. Une âme latérale est ménagée le long de cette chambre; elle a pour but de faciliter la communication du feu à la poudre du grand tube et, par suite, à la charge de la pièce.

L'amorce se compose de deux fils de cuivre recouverts de gutta-percha et cordés sur $0^m,05$ environ. Les deux extrémités qui pénètrent dans le petit tube, où elles sont maintenues par un bracelet en caoutchouc, sont dénudées, repliées en crochet et réunies par un fil de platine de $1/30^e$ de millième de diamètre.

Les extrémités libres des deux fils sont enroulées en hélice sur un mandrin de 4 millimètres et forment des douilles de $0^m,02$ de longueur protégées par un tube de caoutchouc.

Quand un courant électrique assez fort traverse l'amorce, le fil de platine s'échauffe, rougit et enflamme la composition fulminante du petit tube et ensuite la charge.

Les piles du modèle adopté (Leclanché) sont de quatre éléments hermétiquement fermés au moyen de plaques de liège lutées et vernies.

Description sommaire d'une tourelle cuirassée. — C'est une construction métallique disposée pour tourner autour de son axe vertical de figure ; elle abrite deux canons de siège qui tournent avec elle et peuvent ainsi tirer dans toutes les directions.

Une tourelle se compose :

1° De la coupole cuirassée ;

2° De la charpente cylindrique ;

3° De la plate-forme.

Les figures ci-dessous permettent de se rendre compte sommairement de la forme des tourelles.

Sous la plate-forme est boulonnée une circulaire conique en fonte. Cette circulaire repose sur seize galets tournés, en fonte, qui roulent sur une autre circulaire identique à la précédente et fixée par des boulons de scellement sur une voûte surbaissée, en béton de ciment. Cette disposition permet de donner très facilement un mouvement de rotation à la tourelle, car on substitue ainsi des frottements de roulement à des frottements de glissement.

La mise de feu électrique des tourelles est installée de manière à mettre le feu automatiquement au moment précis où la tourelle, dans son mouvement de rotation, amène chaque canon dans son plan de tir. Pour cela on a fixé sous la circulaire un appareil composé de deux lames interposées dans un courant électrique, montées sur un support isolant en ébonite. Ces deux lames sont ordinairement séparées et le courant est alors interrompu ; quand elles sont rapprochées le courant passe et le feu peut être communiqué à l'étoupille. Pour obtenir le contact de ces deux lames au moment voulu, on a placé au-dessous et au dehors de la tourelle une circulaire fixe en

Coupe verticale par le logement du Treuil

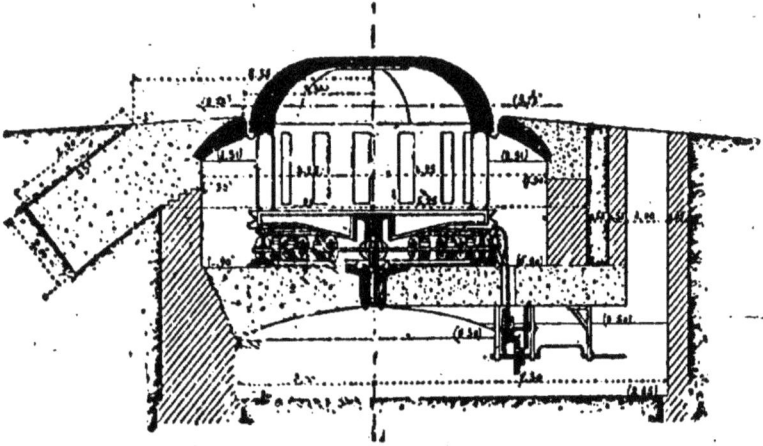

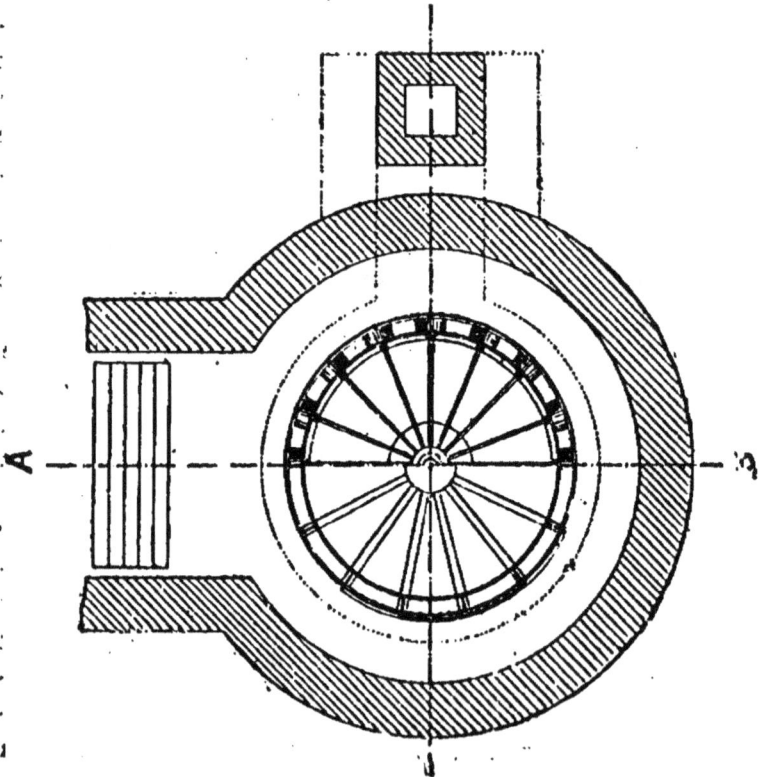

laiton, dite circulaire de pointage, portant une double
graduation en degrés et en millimètres. Sur cette circulaire sont disposés en dés points correspondant, sur la
graduation, à l'azimut dans lequel les pièces doivent
tirer, deux curseurs mobiles dont les butoirs remontent,
lorsque la tourelle est en mouvement, les grandes branches des ressorts, qu'elles forcent ainsi au contact avec
les petites. Le courant est fourni par une pile placée
entre les parties rayonnantes de la plate-forme; il peut
être interrompu au moyen d'un verrou de sûreté.

Circuit électrique. — Il est composé d'une partie fixe
et d'une partie mobile. La partie fixe va de l'un des pôles
de la pile à la borne C d'une plaque d'ébonite, dite plaque de pile, fixée le long du bord gauche d'un panneau
placé en arrière du canon de gauche, à $0^m,55$ au-dessus
de la plate-forme. De là, ce conducteur s'élève verticalement jusqu'à hauteur de la gouttière en tôle et va rejoindre le gousset extérieur de l'abri de chef de pièce
pour aboutir au conjoncteur.

Le *conjoncteur* est un appareil de sûreté qui se compose
d'une plaque en ébonite sur laquelle joue un ressort vertical en laiton, portant un tenon fendu en nickel massif
qui s'engage, sous la pression d'un bouton, dans un logement en laiton ; il est fixé contre le gousset extérieur de
l'abri du chef de pièce.

Du conjoncteur le conducteur va à la borne *a* d'une
plaque d'ébonite qui est fixée horizontalement sur le
montant de gauche du panneau, en arrière du canon de
gauche.

Cette plaque d'ébonite, dite *plaque du câble souple du
canon de gauche*, met, au moyen de ce câble, l'étoupille en
communication avec le circuit.

De la même borne de cette plaque en ébonite, le conducteur part en suivant la gouttière en tôle et va aboutir

à la borne *a* de la plaque dite du *câble souple du canon de droite.*

Cette seconde plaque du câble souple est fixée symétriquement à la plaque du canon de gauche et joue vis-à-vis du canon de droite le même rôle que celle-là vis-à-vis du canon de gauche.

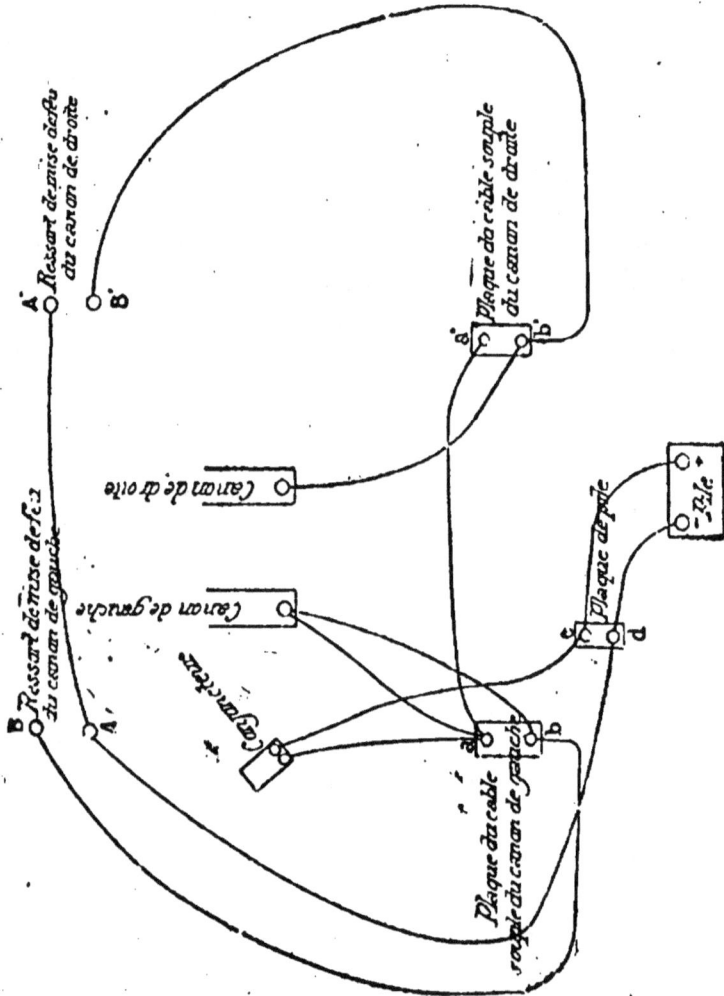

De la deuxième borne *b* de cette plaque du câble souple du canon de droite, le conducteur descend verticalement, arrive sous la plate-forme et, en la contournant, va aboutir à l'une des broches B' du ressort de mise de feu du canon de droite.

Le conducteur repart ensuite de l'autre broche, A' du même ressort de mise de feu, et va aboutir à une des broches A du ressort de mise de feu du canon de gauche.

De cette même broche le conducteur va rejoindre la deuxième borne *d* de la plaque de pile et la pile elle-même.

Enfin le circuit est complété par un conducteur qui réunit la deuxième broche B du ressort de mise de feu à la borne *b* de la plaque du câble souple du canon de gauche et par un fil qui réunit la borne *d* de la plaque de pile à l'autre pôle de la pile.

La *partie mobile* comprend les câbles souples qui vont, pour chaque canon, de la plaque du câble souple à l'étoupille correspondante en traversant la tôle cylindrique intérieure supérieure de la tourelle et qui sont soutenus contre la paroi intérieure en fonte au moyen de pitons et crochets à vis, couverts de caoutchouc.

Le trou pratiqué dans la tôle est garni d'un manchon en bois de chêne à angles arrondis, fixé par un écrou également en bois de chêne.

Marche du courant électrique. — Le courant électrique suit le trajet suivant pour chaque pièce.

Pièce de gauche :

1° De la pile à l'une des bornes de la plaque de pile ;

2° De la plaque de pile au conjoncteur ;

3° Du conjoncteur à l'une des bornes de la plaque du câble souple du canon de gauche ;

4° De cette plaque du câble souple à l'amorce du canon de gauche ;

5° De l'amorce du canon de gauche à la seconde borne de la plaque du câble souple du canon de gauche ;

6° De la plaque du câble souple du canon de gauche aux deux lames du ressort de mise de feu du canon de gauche (ces deux lames sont alors en contact);

7° Du ressort de mise de feu du canon de gauche à la seconde borne de la plaque de pile ;

8° De la plaque de pile à la pile.

Pièce de droite :

1° Même chemin que pour la pièce de gauche ;

2° et 3° Même chemin que pour la pièce de gauche ;

4° De la plaque du câble souple du canon de gauche à l'une des bornes de la plaque du câble souple du canon de droite ;

5° De cette plaque du câble souple à l'amorce du canon de droite ;

6° De cette amorce à la seconde borne de la plaque du câble souple du canon de droite ;

7° De la plaque du câble souple du canon de droite aux deux lames de ressort de mise de feu du canon de droite (qui sont alors en contact);

8° De ce ressort au ressort de mise de feu du canon de gauche ;

9° et 10° Même chemin que pour 7° et 8° du canon de gauche.

Il est à remarquer que les deux circuits ont une partie commune allant de la pile à la plaque du câble souple du canon de gauche et une autre allant du ressort de mise de feu du canon de gauche à la pile.

Casemates cuirassées. — Une casemate cuirassée est une casemate à canon, dont la partie exposée au tir de l'ennemi est blindée en fonte dure ; elle abrite un canon de 155 millimètres.

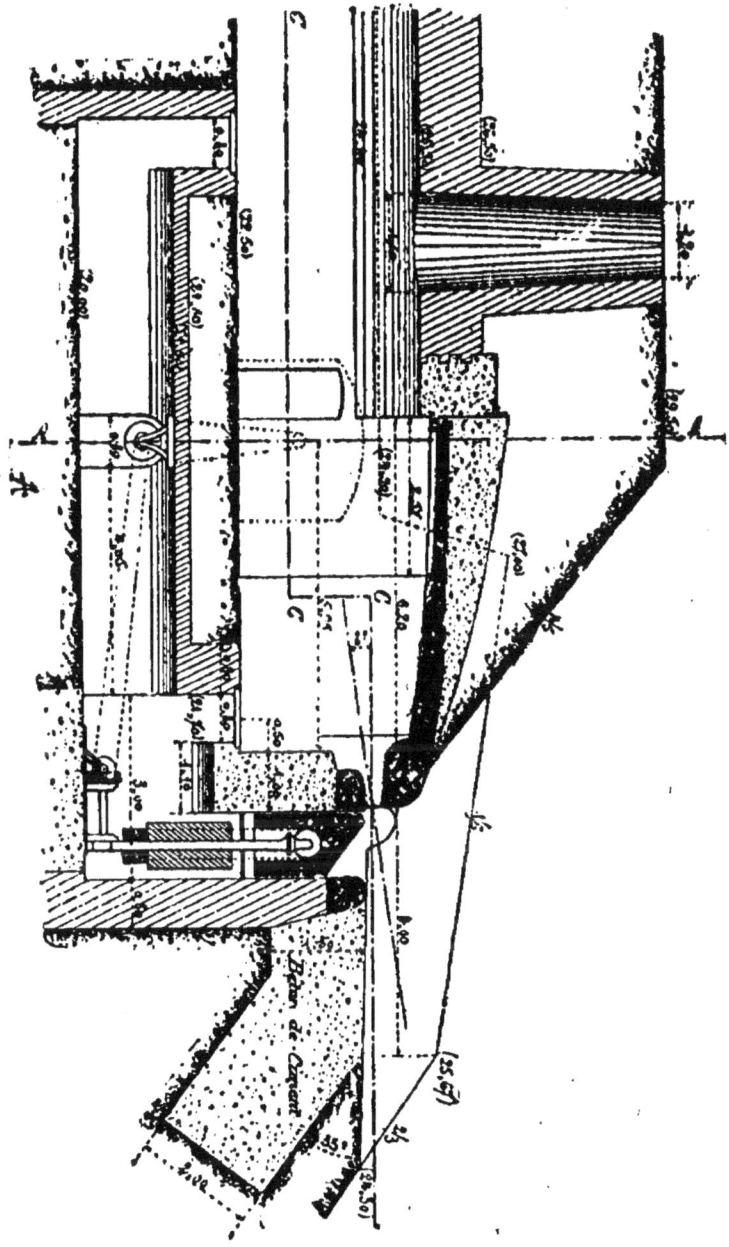

Casemate cuirassée (Coupe suivant BB $\frac{1}{100}$)

Coupe suivant CC $\frac{1}{100}$

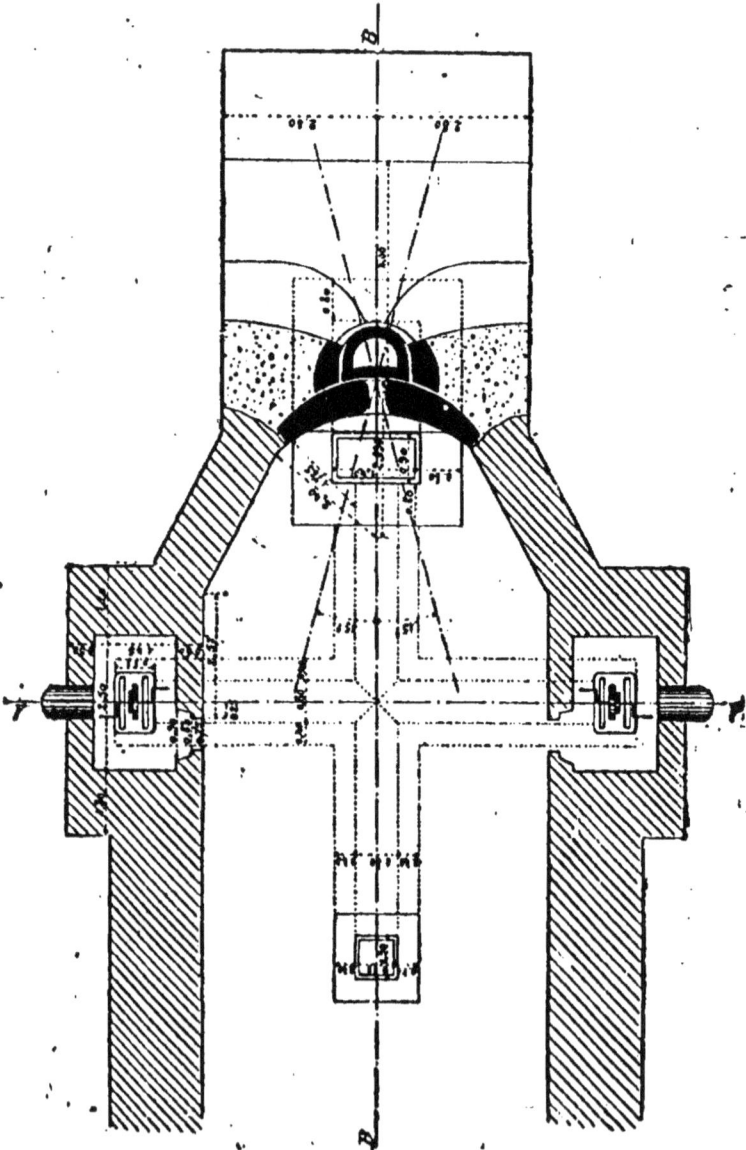

Elle se compose de la casemate proprement dite, formée d'une voûte surbaissée en maçonnerie de moellons, sur l'axe de laquelle débouche une cheminée d'aérage tronconique. Elle se prolonge sur une longueur de 1 mètre, par une voûte en béton de ciment destinée à supporter une plaque en tôle d'acier de 4,000 kilogrammes qui reçoit l'about des plaques de toiture.

A la suite des pieds-droits de la voûte, sont établis des murs qui forment l'ébrasement de la casemate et viennent se relier au mur de tête. Ce mur, en béton de ciment, supporte la plaque d'embrasure (23,000 kilogrammes) dans laquelle est percée une embrasure à section minima.

La toiture de la casemate est formée de quatre plaques en fonte dure ; elle est renforcée par une chape en béton de ciment et recouverte d'un massif de sable revêtu d'une couche de terre.

L'embrasure est masquée à l'aide d'un *verrou* du poids de 7,000 kilogrammes, se mouvant dans le *puits du verrou* à l'aide de *deux treuils de manœuvre* dans les *chambres de treuil*, qui sont ménagées dans les pieds-droits de la voûte.

Circuit électrique. — Il est composé d'une partie fixe et de deux parties mobiles.

La partie fixe va de l'une des bornes de la pile à l'une des bornes *a* d'une plaque d'ébonite ; de l'autre borne de cette plaque va au conjoncteur *c* ; du conjoncteur (*c*) à l'une des bornes *f* d'une seconde plaque d'ébonite, et enfin de l'autre borne *f* à la pile.

Les deux parties mobiles vont la première, de l'une des bornes *a* à l'exploseur et de l'exploseur à l'autre borne *a* ; la deuxième, de l'une des bornes *f* à l'étoupille et de l'étoupille à l'autre borne *f*.

Le conjoncteur est le même que celui employé dans les tourelles cuirassées.

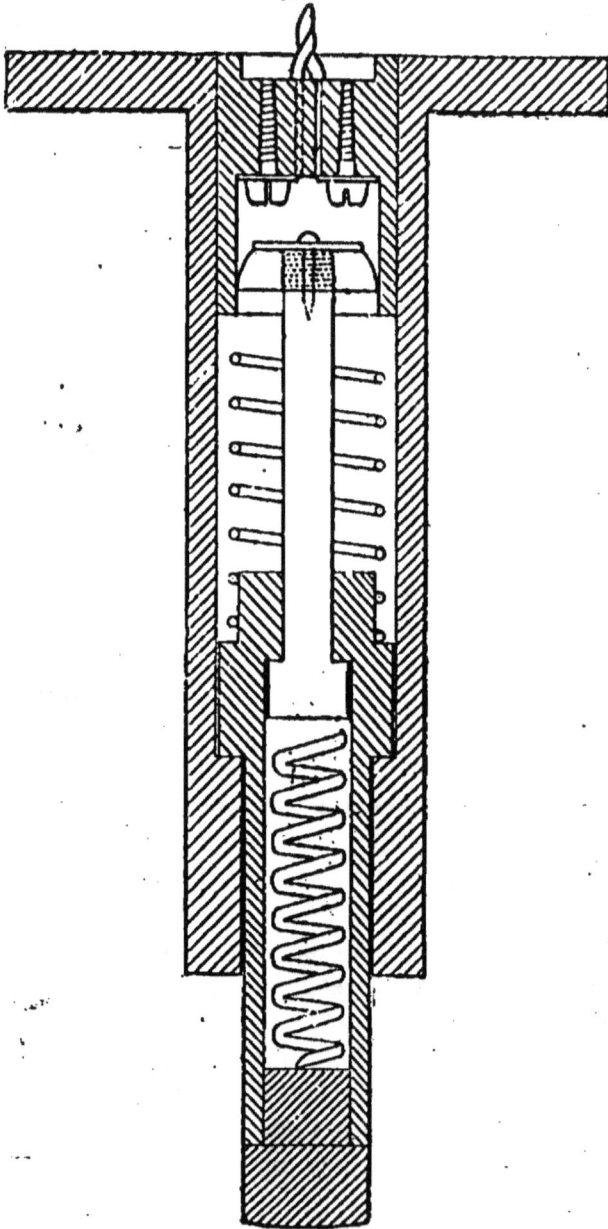

L'exploseur est un second appareil de sûreté destiné à empêcher que le coup ne parte avant que le verrou de la casemate soit ouvert ; il est installé contre la partie postérieure de l'entretoise avant du châssis. C'est l'affût lui-même, qui, par l'intermédiaire de cet exploseur, établit ou interrompt automatiquement le courant électrique : tant que la mise en batterie n'est pas complète, le courant est interrompu.

L'exploseur comprend : la plaque d'appui ; le grand tube, sur épaulement ; la pièce de contact et ses deux vis à tête plate ; la plaque est traversée par les fils des conducteurs et chacun d'eux s'enroule autour de la tête d'une des vis ;

Le grand piston et son épaulement ;

Le petit piston, le bouton, la plaque métallique ;

Le ressort du grand piston dans l'intérieur du grand. piston, au fond duquel il prend appui.

Marche du courant. — Le courant électrique suit le trajet suivant :

1º De la pile à l'une des bornes *a* ;
2º De cette borne à l'exploseur ;
3º De l'exploseur au conjoncteur ;
4º Du conjoncteur à l'une des bornes *f* ;
5º De cette borne *f* à l'étoupille ;
6º De l'étoupille à la seconde borne *f* ;
7º De la seconde borne *f* à la pile.

Tant que le chef de casemate n'appuie pas sur le bouton du conjoncteur et que la plaque avant de l'affût n'exerce pas une pression sur le piston de l'exploseur, le courant est doublement interrompu.

Le circuit doit être vérifié fréquemment, soit pour prévenir les dérangements, soit pour les rechercher. Voyons, par exemple, comment on vérifiera le circuit dans une tourelle cuirassée.

Circuit électrique des casemates cuirassées.

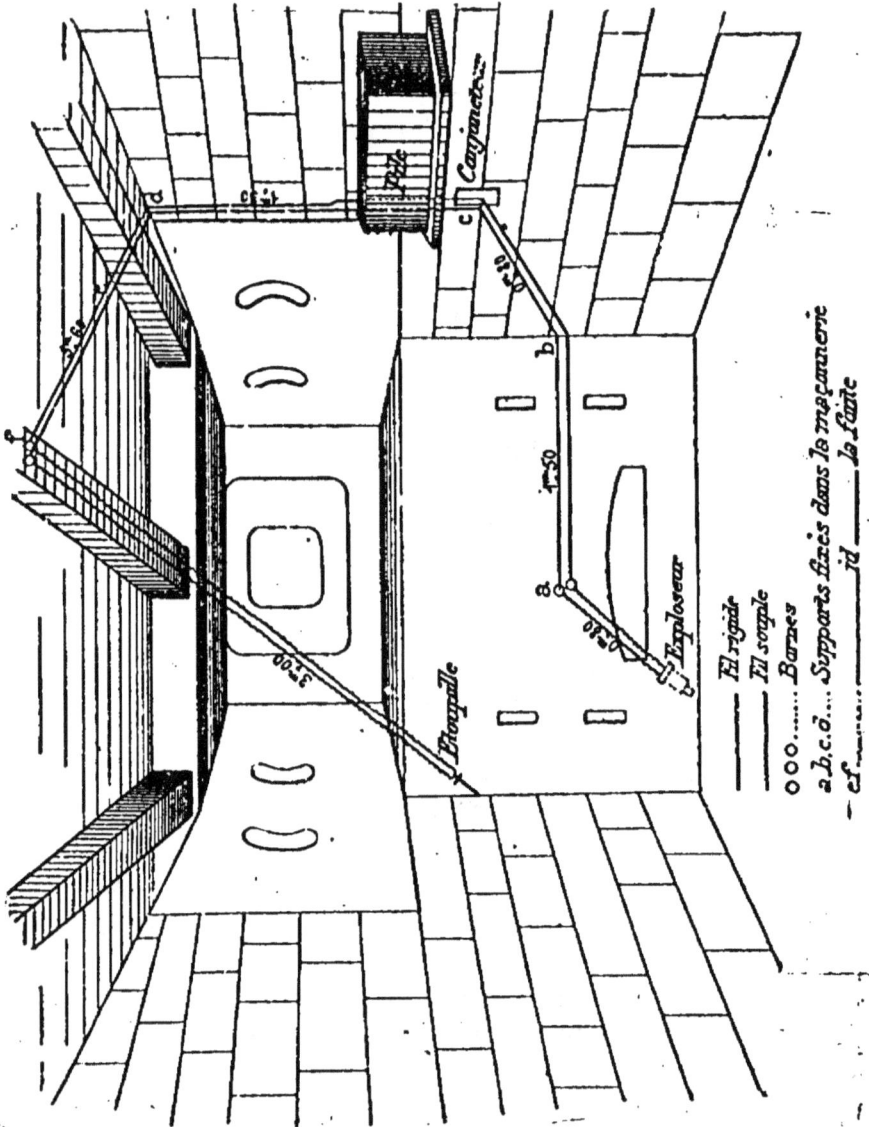

Vérification du circuit d'une tourelle. — Fermer le conjoncteur, rapprocher jusqu'au contact les deux lames du ressort de mise de feu, soit en les attachant ensemble, soit en poussant le curseur contre le ressort de mise de feu, jusqu'à ce que le contact ait lieu, et en le fixant sur la circulaire à l'aide de la vis de pression. — Rapprocher les tiges des câbles souples, et s'assurer que leur contact détermine la production d'une étincelle. — Si le courant ne passe pas, suivre et vérifier les diffé-rentes parties du circuit; cette vérification se fait dans l'ordre suivant :

1° Vérification des fils qui vont de la plaque de pile à la pile. — On fixe un fil de cuivre à une des broches de la plaque de pile et on l'approche de l'autre broche; si des étincelles se produisent au contact, le courant passe;

2° Vérification du fil qui va de la plaque de pile au conjoncteur et du conjoncteur à la plaque du câble sou-ple du canon de gauche. — Cette vérification se fait en réunissant, par le procédé indiqué ci-dessus, la borne a de la plaque du câble souple de gauche, à la borne d de la plaque de pile et en fermant le conjoncteur;

3° Vérification du fil qui réunit les deux plaques du câble souple. — Réunir, en laissant le conjoncteur ou-vert, la borne a de la plaque du câble souple du canon de gauche à la borne c de la plaque de pile et la borne a' de la plaque du câble souple du canon de droite à la borne d de la plaque de pile;

4° Vérification des fils qui vont respectivement de la plaque du câble souple du canon de gauche et de la pla-que de pile à chacune des deux broches du contact de mise de feu du canon de gauche. — Réunir les deux broches du ressort de mise de feu du canon de gauche et ensuite la borne b de la plaque du câble souple du canon de gauche à la borne c de la plaque de pile;

5° Vérification des fils oui vont respectivement du res-

sort de mise de feu du canon de gauche et de la plaque
du câble souple du canon de droite à chacune des broches du ressort de mise de feu du canon de droite. —
Réunir les deux ressorts de mise de feu du canon de
droite et ensuite la borne b' de la plaque du câble souple
du canon de droite à la borne d de la plaque de pile ;

6° Vérification de chacun des câbles souples. — Si le
courant passe dans tous les circuits partiels indiqués ci-
dessus et ne passe pas cependant dans le circuit général,
l'interruption se trouve dans les câbles souples. On
verra, au moyen de l'étoupille, et en réunissant successivement entre elles les broches de chacun des ressorts,
le câble souple où se trouve l'interruption.

Réparation du circuit. — Elle se fait comme celle
du circuit d'une ligne télégraphique.

Paris et Limoges. — Imp. milit. Henri Charles-Lavauzelle.

Paris et Limoges. — Imp. milit. Henri CHARLES-LAVAUZELLE.